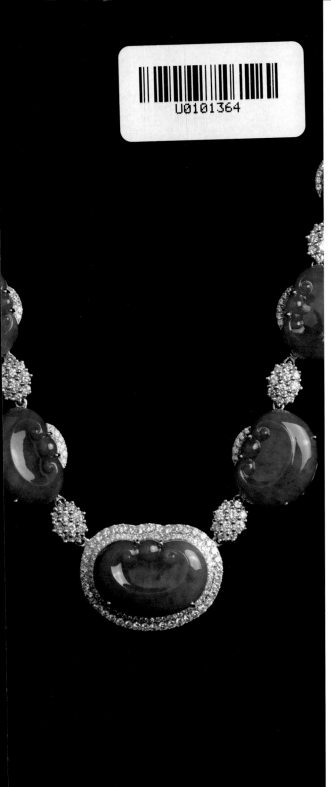

美育简本

翡翠之美一〇〇问

何雪梅 著

海峡出版发行集团
THE STRAITS PUBLISHING & DISTRIBUTING GROUP
福建美术出版社

图书在版编目（CIP）数据

翡翠之美 100 问 / 何雪梅著 . -- 福州 : 福建美术出版社 , 2023.5（2024.6 重印）
（美育简本）
ISBN 978-7-5393-4273-3

Ⅰ . ①翡… Ⅱ . ①何… Ⅲ . ①翡翠 - 问题解答 Ⅳ . ① TS933.21-44

中国版本图书馆 CIP 数据核字 (2021) 第 212278 号

美育简本·翡翠之美 100 问

何雪梅　著

出 版 人	黄伟岸
责任编辑	郑　婧
封面设计	侯玉莹
版式设计	李晓鹏　陈　秀

出版发行	福建美术出版社
地　　址	福州市东水路 76 号 16 层
邮　　编	350001
网　　址	http://www.fjmscbs.cn
服务热线	0591-87669853（发行部）　87533718（总编办）
经　　销	福建新华发行（集团）有限责任公司
印　　刷	福州印团网印刷有限公司
开　　本	889 毫米 ×1194 毫米　1/32
印　　张	7.25
版　　次	2023 年 5 月第 1 版
印　　次	2024 年 6 月第 2 次印刷
书　　号	ISBN 978-7-5393-4273-3
定　　价	48.00 元

公众号　　艺品汇

天猫店　　拼多多

目　录

1

翡翠如何戴？
——翡翠的佩戴、保养之问

翡翠文化知多少?
——翡翠的文化、传说、雕刻之问

翡翠何所出？

——翡翠的由来、产地之问

1. 翡翠的名字由何而来？

关于翡翠，众多史料对其有着不同的描述。《说文解字》关于翡翠的解释为："翡，赤羽雀也。翠，青羽雀也。"《班固传》注："翠鸟形如燕，赤而雄曰翡，青而雌曰翠。"从其字意分析，以上的翡翠分别指红、绿两种颜色的鸟。东汉张衡的《西京赋》中有"翡翠火齐，络以美玉。流悬黎之夜光，缀随珠以为烛"，该赋中的翡翠当指美玉无疑。

"翡翠"名字的由来之一就是上述珍奇神秘的翡翠鸟。这种鸟生活在远古中国的滇缅之地，雄性的鸟羽毛为红色，人们称之为翡鸟；雌性的羽毛呈绿色，唤作翠鸟。红翡绿翠，雄雌合称为"翡翠"。在明末清初缅甸玉石大量传入中国后，因其

图 1-1　清·翡翠手串
北京故宫博物院藏

颜色艳丽，大多为绿色和红色，与翡翠鸟羽毛的颜色很相似，人们便称这种石头为"翡翠"，并流传开来，且在清代宫廷中得到了广泛的应用，受到皇室贵族的青睐。

　　"翡翠"一名的由来之二则是"翡翠"是"非翠"的谐音。据说在古代"翠"专指新疆和田出产的绿色软玉，清代缅甸翡翠大量传入中国后，人们为了将其与"孪生兄弟"和田绿色软玉区分开，便将这种"缅甸玉"称为"非翠"，久而久之，其名称逐渐演变为读音相似的"翡翠"，并沿用至今。

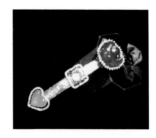

图 1-2　翡翠如意

图 1-3　清·翠镂雕桃蝠纹香囊和花蝶纹叶式佩
北京故宫博物院藏

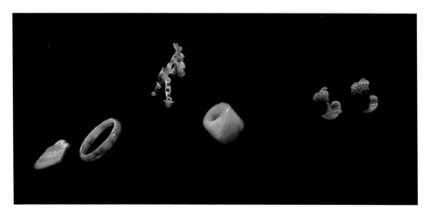

图 1-4　清·翡翠首饰
沈阳故宫博物院藏

2. 翡翠是玉吗？

图 2-1　翡翠戒指，胡新红供图

或许因为翡翠的名字不同于"和田玉""岫玉""桃花玉"等带有"玉"字的玉石，所以人们常常会产生一个疑问：翡翠是玉吗？首先我们要了解什么样的石头才能被称为"玉"，许慎曾在《说文解字》中记载："玉，石之美者。"通俗来说就是，温润而有光泽的美丽石头都可被称为玉。如果从宝石学和岩石学的角度来解释"玉"，其概念则更为广泛，玉是多晶矿物集合体，宝石学中常见的玉石包括和田玉、翡翠、独山玉、岫玉、玉髓、玛瑙、绿松石、孔雀石、青金石、寿山石、青田石、鸡血石等。

翡翠在宝石矿物学上的定义是以硬玉矿物为主的辉石类矿物组成的集合体。由于翡翠的主要矿物成分是硬玉，所以在很长一段时间，人们都把翡翠和硬玉直接画上等号，其实不然。硬玉是一种钠铝硅酸盐矿物，纯净者呈无色或白色，是翡翠中一种主要矿物成分，并不完全等同于翡翠。

相比其他品种的玉石，翡翠更加清透有光泽。在一些高品质的翡翠中，其矿物颗粒几乎不可见，丝毫没有人们传统观念中矿物所具有的那种粗颗粒的感觉，反而给人一种通透明亮如宝石之感。由于翡翠这像宝石一样透亮的外观与人们传统印象中的"君子温润如玉"的玉有所出入，这才常常使得一些人误认为翡翠属于单晶宝石，但翡翠的的确确属于玉石。抛开高品质翡翠给人带来的错觉，我们其实也能在一些品质欠佳的翡翠中看到粗大的矿物颗粒及不透明的外观，这种档次的翡翠常被作为普通玉石进行加工制作。

除翡翠以外，其他所有的玉石也都是由各种各样不同矿物组成的集合体，所以翡翠虽然名字里没有"玉"，但翡翠确实是玉，并且是玉石大家族中的重要一员。

图 2-2　翡翠戒指，玉祥源·张蕾供图

3. 为何翡翠被称为"玉石之王"？

翡翠进入中国的历史时间相对较晚，直到清代中后期才受到皇室重视并掀起一股翡翠收藏热潮，没有同和田玉一般深厚的历史底蕴，那么，翡翠是如何一跃成为中国民众认可的"玉石之王"呢？我们可以从以下四个方面找到答案。

其一，最为直观的就是翡翠所具有的卓越外观。翡翠的颜色丰富多样，碧绿清澄、鲜红似火、紫气祥和、浓墨端庄，每一种颜色都给人不同的视觉感受，令人震撼。翡翠的种质也变化多端、奇妙无穷，从颗粒粗大不透明的翡翠到颗粒细腻透明的翡翠，质地不同，表现在翡翠的外观上也是千差万别。颜色与质地的自由组合，让翡翠变得极其神秘，每一块都是独一无二的自然瑰宝。

其二是翡翠的耐久性和普适性。内部

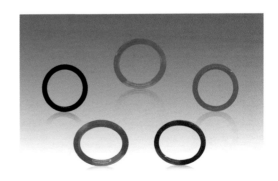

图 3-1　不同颜色的翡翠手镯

致密的结构给予了翡翠较高的硬度和良好的韧性，与其他品种的玉石相比，翡翠的耐久性更好一些。同时翡翠具有广泛的适用性，翡翠制品形态可简可繁，品类繁多，不论是常见的首饰（吊坠、耳饰、戒指、项链、手镯等），还是艺术品、工艺摆件（文房用具、大中型玉雕作品），都形美意祥，不受年龄、性别的限制，男女老幼均适用，雅俗共赏。此外，翡翠饰品的价格范围较宽、包容性强，不同品质的翡翠产品价格从几百元到上万元，甚至百万元、千万元，社会各阶层人士均可根据自身的购买力和需求进行选择购买。

其三是翡翠的稀有性。俗话说"黄金易得，翡翠难求""物以稀为贵"，从地质学角度而言，翡翠形成的条件比钻石还要苛刻，且已发现的翡翠矿点并不是很多，其中可达宝石级的翡翠在世界上的储量则更加稀少。奇货可居，愈是稀少，人们愈是向往。

图 3-2　翡翠手镯
Olympe Liu 供图

图 3-3　翡翠戒指
绿丝带供图

图 3-4　不同类型的翡翠首饰

其四是皇室青睐。据史料记载，清代乾隆皇帝和慈禧太后都十分喜爱并且推崇翡翠，因此掀起了当时对翡翠搜罗及收藏的风潮，这使得翡翠在很短的时间内，便从一种名不见经传的玉石一跃成为皇家首选。后来随着翡翠制品日益增多，翡翠的身价不断提高，美丽的翡翠便成了玉石中的宠儿。

翡翠拥有千幅精彩的面孔，要找到完全相同的两块翡翠并非易事。无论是艳丽多彩的颜色、玲珑剔透的美感、千变万化的质地，还是坚韧耐久、稀少珍贵的特性，以及皇室的引领和大众的追逐，都令翡翠成为当之无愧的"玉石之王"。

图 3-5　翡翠单链瓶，张铁成供图

图 3-6 翡翠摆件
玉祥源·张蕾供图

4. 翡翠是什么时候被发现的?

图 4-1　南方丝绸之路示意图

关于翡翠的发现有这样一个传说：大约在 13 世纪，云南的马帮商队沿西南茶马古道来往于缅甸、印度等国进行贸易。有一天，一位从缅甸返回的滇商马夫发现马背上的两个驮篓倾斜不平衡，摇摇晃晃，便随手在茶马古道上捡了一块石头放在了轻的一侧驮篓中，这样一路顺利地回到了云南家中，并顺手将捡来的那块石头扔在了地上。不想这块石头落地时受到撞击裂开，一分为二，露出了内部耀眼夺目的绿色，原来这竟是一块玲珑剔透、鲜艳夺目的绿色玉石。自此，人们知道了缅甸有这等美丽的玉石产出，于是，大批华人便自云南赶往缅甸去寻找这样的玉石，找到玉石返回后便在云南的瑞丽、腾冲、盈江等地进行加工和交易，这玉石就是我们现在家喻户晓的翡翠。

图 4-2　翡翠原石

5. 翡翠为什么这么美？

　　如果说生命是一朵花儿，那么挫折与磨难就是滋润花儿的养分，花儿吸收养分，固其筋骨，得以绽放生命的美丽。翡翠也如这朵花，以其独有的魅力在宝玉石家族中脱颖而出。磨难铸就美丽，翡翠之美，自是天成，这无限灵韵与其"出生环境"有着莫大的联系。

　　众所周知，在地壳中形成的宝玉石通常会受到一系列复杂的地质作用，经历"千锤百炼"。在此过程中，温度和压力往往是最重要的影响因素。地球从地表到地心，越往内部深入则温度越高，压力也越大。钻石被誉为"宝石之王"，产出条件自然十分苛刻，需要在地壳深部高温高压（1200℃以上，50kPa～70kPa）的条件下才能形成。然而，作为"玉石之王"的翡翠，其产出的条件甚至比钻石还要苛刻。我们可以很好理解高温高压同时存在的条件，但是要想在大自然中形成翡翠，所需的条件是高压的同时温度不能过高（温度为150℃～300℃，压力为 $5×10^3$ kPa～$7×10^3$ kPa），故而翡翠不可能生成于地球较深的部位。那么在地球较低温度的部位如何会有高压的条件呢？从地球物理学的角度分析，这样的高压条件往往是地壳运动产生的挤压力导致的。

图 5-1　缅甸翡翠矿区环境
莫开毅供图

由此可知，翡翠的形成往往需要经历复杂的地质作用过程，这对产地地质环境的要求极高，全球范围内也仅有少部分地区含有符合产出翡翠条件的特殊地质构造，以缅甸矿区最为典型。

经学者研究发现，翡翠矿床形成于距今 7000 万年～ 6500 万年前的白垩纪晚期至第三纪早期，可分为原生矿和次生矿两大类型。翡翠原生矿是在地下经高压低温变质作用形成的，所产翡翠常被称为"山石"或"山料"；翡翠次生矿则是由地球表面的翡翠原生矿再经过风化、剥蚀、搬运、沉积等作用而形成的，常常有皮，因该过程经过了大自然的再次分选，所以大部分优质翡翠产于该类型的矿床中，无皮者被称为"水石"，带皮者被称为"赌石"。

不论是原生矿还是次生矿，翡翠的诞生过程都困难重重。无数地质构造运动的综合作用造就了翡翠的独一无二，历经岁月的洗礼，它将成长的磨难凝结为一份份美丽，悄悄现身，洒向人间。

图 5-2　翡翠原石，张镇供图

6. 翡翠的产地都有哪些?

由于翡翠的形成条件十分苛刻,所以从全球范围来看,翡翠的产地并不多。迄今为止,已知的翡翠产地有缅甸、危地马拉、俄罗斯、日本、美国、哈萨克斯坦、伊朗、多米尼加、古巴、印度尼西亚等几个国家。

图 6-1 缅甸翡翠矿区
莫开毅供图

缅甸翡翠矿区主要分布在缅甸北部重镇密支那附近乌龙江流域的帕敢和隆肯等地区,原生矿床集中在雷打和隆肯一带,次生矿床主要分布在帕敢、灰卡、后江和达木坎区域,其中,帕敢是最大、最著名的翡翠矿区,也是最古老的翡翠矿区。世界上95%的商业翡翠都来自缅甸,缅甸的翡翠颜色和种质最为丰富,高中低档均有,品种繁多;危地马拉是仅次于缅甸的第二大翡翠产出国,其翡翠颜色绝大多数为墨绿色,也有紫色、蓝色、黑色系列品种;俄罗斯翡翠矿床主要分布于乌拉尔列沃一

图 6-2 缅甸翡翠矿区
王瑞民供图

克奇佩利及西萨彦岭的卡什卡拉克，西萨彦岭的翡翠多为颜色较暗的深绿色，底较灰，暗色或黑色瑕疵多，鲜绿色的翡翠只呈细脉状出现，多数为粗豆种；日本翡翠产地散布在鱼川市、青海町等地，主要为原生矿，颜色以绿色、白色为主，质地较干；美国的翡翠主要发现于加州的尼拉和门多西诺，原生矿和次生矿皆有，质地干且结构较粗，一般作为雕刻材料；哈萨克斯坦翡翠矿床位于巴尔喀什市以东 110 千米的伊特穆隆达附近，所产翡翠颗粒较为粗大，多为翠绿色和绿灰色相间；后来在伊朗、多米尼加、古巴、印度尼西亚也发现有翡翠产出，但是矿点少，产量也不大。

除了缅甸和危地马拉，其他国家产出的翡翠不仅产量少，而且达到宝石级的也极少，大多用于雕刻普通的工艺品。

7. 为何有"玉出云南"的说法？

纪晓岚曾在《阅微草堂笔记》中这样写道："记余幼时，云南翠玉，当时不以玉视之，今则以为珍玩，价远出真玉上矣。"不仅仅是纪晓岚，当时还有很多老百姓都称翡翠为"云南翠玉"，认为翡翠产于云南。然而，目前已知的翡翠产地中并没有云南，那么又为何会有"玉出云南"的说法呢？

其实，云南省很早便是一个玉石集散地，云南并不产翡翠，但是由于紧挨着世界上最著名的翡翠产地——缅甸，云南便成为翡翠玉石进口的一个口岸。从历史角度来看，中国古代称缅甸为"朱波"，汉谓之"掸"，唐谓之"骠"，元谓之"缅"，肃封为藩属。掸国即现今的缅北勐拱、缅密一带。早在东汉永元九年（97），和帝"赐金印紫绶"，说明从汉代开始，缅甸所产的玉石就已开始进贡中央了。明

图 7-1 云南瑞丽中缅口岸、董春玉供图

代以后缅甸就进入了我国的版图，到清代乾隆年间延续了几百年，这段时间的缅甸属于"滇省藩篱"的土司辖地，由当时腾越州管辖，所以从历史上来说，玉石产地确实在云南的管辖范围内，于是顺理成章地就有了"玉出云南"这种说法。

云南有着丰富的宝玉石资源，这不仅是因为其自身的资源优势，还因为云南优越的地理位置。云南地处中国内陆，面向东南亚、南亚各国，是各大洋、各大海峡的枢纽地带，而缅甸翡翠、红宝石、蓝宝石输入中国后大多汇集在云南瑞丽、腾冲和盈江，云南也是距离缅甸玉石场和抹谷红宝石产区最近的地方，在云南瑞丽边境处就存在着"一寨两国"的现象，印证了"我住江之头，君住江之尾。彼此情无限，

图 7-2 云南瑞丽中缅边境上的"一寨两国"

共饮一江水"。这样一个得天独厚的地理优势让本身资源丰富的云南有了更多的宝玉石资源。在古时候，云南就已经显露出这种优势，古代南方丝绸之路的必经之地就是云南，千百年来棉纱和宝玉石皆由此引进，同时云南也是东南亚各国宝石原料的传统贸易市场。

现今来看，世界上著名优质的翡翠玉石依旧产于缅甸，其矿床位于缅甸北部乌龙河钦敦江支流流域，那里离我国云南边境很近，所以云南的瑞丽、盈江、腾冲、大理一度是翡翠玉石集散地。瑞丽素有"翡翠之乡"的美称，现在瑞丽的翡翠市

图 7-3　云南瑞丽翡翠市场

图 7-4　云南翡翠商场

场是我国翡翠交易市场中最繁荣、最具代表性的,高中低档翡翠制品应有尽有。这里成为大多数人采购翡翠的源头,所以尽管云南不产翡翠,但是人们还是惯性地认为"玉出云南"。

图 7-5　翡翠项坠
玉祥源·张蕾供图

图 7-6　翡翠手镯、绿丝带供图

图 7-7　翡翠雕《宴席》

翡翠何其美?

——翡翠的色、质之问

8. 翡翠都是绿色的吗?

翡翠以色彩丰富著称,大众最为熟知的翡翠最常见的颜色是绿色,此外还有白、红、黄、蓝、青、紫、淡紫、粉红、黑等多种颜色,真可谓五彩缤纷、艳丽多姿。总体可以分为无色—白色系列、绿色系列、紫色系列、黄色—红色(翡色)系列和黑色系列等颜色类别,还有多种颜色组合在

图 8-1 各种颜色的翡翠

一起的组合色系列（即多色翡翠）。

人们根据多色翡翠颜色组合的特征赋予其美好的寓意。例如，民间将绿色称为"彩"，紫色、绿色相间分布的双色翡翠被称为"春带彩"；同时带有黄色、绿色的双色翡翠称为"黄加绿"，谐音"皇家

图 8-2 "春带彩"翡翠手镯
胡新红供图

图 8-3 黄加绿翡翠雕件
《一鸣惊人》，胡新红供图

图 8-4 三彩翡翠雕件

图 8-5 "福禄寿喜"翡翠雕件《布依族女孩》
董春玉供图

图 8-6 "五福临门"翡翠摆件
《五子夺魁》，张铁成供图

玉"；同时出现绿色、红色／黄色、紫色
／白色等三种颜色的翡翠称作"福禄寿"，
也称"三彩"；四种颜色出现在同一块翡
翠上的称作"福禄寿喜"；五种颜色的翡
翠则称作"五福临门"或"福禄寿喜财"。

不同颜色的翡翠搭配为设计师的艺
术创作提供了丰富的想象空间，利用好的
设计将不同颜色巧妙运用在翡翠雕刻创作
中，往往能为多色翡翠作品增值。

9. 哪种颜色的翡翠最受欢迎?

翡翠是多种矿物的集合体,因此翡翠的颜色种类较多且成因复杂。通常情况下按其呈色机理,翡翠可分为原生色和次生色。其中原生色是指翡翠形成过程中因致色离子而呈色,行业内俗称"肉色";次生色是翡翠成岩后有色物质充填于矿物颗粒和裂隙中而使翡翠呈色,在行业内也称"皮色"。典型的原生色一般包括绿色、紫色和黑色。绿色主要由微量的铬、钛、铁等元素类质同象替代所引起的,含量越高,颜色越深;紫色的致色离子目前还没有统一的定论,传统观念认为紫色是微量的锰元素引起的,此外还有观点认为是由二价铁与三价铁的离子跃迁而致色;黑色则是由过量的铬和铁造成的。次生色主要为黄色和红色,也可称"翡",其形成原

图 9-1 绿色和紫色翡翠平安扣

图 9-2 墨翠观音挂件

图 9-3 鹤舞寿梅

图 9-4　红翡耳坠

因主要是风化作用，黄色和红色分别为褐铁矿和赤铁矿沿翡翠矿物颗粒间的缝隙慢慢渗入而呈色。

在中国的传统玉文化中，绿色翡翠最受人们青睐。绿色不仅代表着活力和生命，更给人一种清透舒爽、娇嫩欲滴之感，所以绿色的翡翠是最受欢迎也是适合收藏和较易升值的。可以说，在所有翡翠的颜色品类中，绿色翡翠的价值是最高的，即在品质相同的情况下，绿色翡翠是价格最高的品种。但是要注意的是，并非只要是绿色翡翠就是有升值空间的好翡翠，绿色翡翠也有不同的等级划分，应正确分类分级进行评估和判断。

图 9-5　绿色翡翠耳钉

10.祖母绿、翠绿、阳绿……你分得清吗？

翡翠的颜色中以绿色最为珍贵，人们口中所提及的"翠色"即指绿色，并且狭义的翡翠即指艳绿色的翡翠，绿色几乎成为翡翠的代表色。由于组成每一块绿色翡翠的矿物品种和含量不尽相同，所以翡翠的绿色也种类繁多，可达十余种，其色调有的纯正，也有的偏黄、偏蓝、偏灰等。为了便于交易，长期以来，翡翠从业者在市场上进行商业贸易时，通常习惯于采用传统的形象描述法，根据翡翠绿色的色调、饱和度、明度的不同，将绿色翡翠分为如下通俗的商业品种：

（1）宝石绿：也称"祖母绿""帝王绿"，似祖母绿宝石，其绿色纯正浓艳、饱和度高，有时可呈非常轻微的偏蓝色调的深绿色。

（2）翠绿：也称"艳绿"，绿色纯正，饱和度中偏上，鲜艳明亮。

（3）阳俏绿：也称"阳绿"，翠绿色，颜色鲜艳纯正，翠色略欠浓郁，饱和度中等。

（4）苹果绿：微黄绿色，似成熟的绿苹果，绿得艳丽。

（5）黄杨绿：也称"秧苗绿"，略带黄色调的鲜艳绿色，如初春黄杨树嫩叶

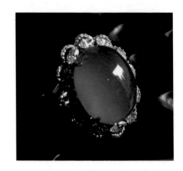

图 10-1　宝石绿色翡翠戒指

图 10-2　翠绿色翡翠珠链
胡新红供图

图 10-3　阳俏绿色翡翠吊坠
玉祥源·张蕾供图

图 10-4 苹果绿色翡翠戒指
绿丝带供图

图 10-5 黄杨绿色翡翠吊坠
胡新红供图

或青绿的秧苗。

（6）葱心绿：也称"浅阳绿"，色如娇嫩的葱心，浅黄绿色。

（7）豆青绿：也称"豆绿"，色如青豆的绿色，此品种数量较多。

图 10-6　葱心绿色翡翠吊坠　图 10-7　豆青绿色翡翠项链

图 10-8　菠菜绿色翡翠雕件
《黑财神》

图 10-9　瓜皮绿色翡翠手镯
张毓洪供图

图 10-10　蛤蟆绿色翡翠手镯

（8）菠菜绿：色暗如菠菜叶，绿色偏暗，带有蓝灰色调，色欠鲜艳。

（9）瓜皮绿：色如绿色瓜皮，绿中微青，色欠纯正，颜色常不均匀。

（10）蛤蟆绿：绿中带蓝或灰色调，可见"瘤状"色斑，亦称"蛙绿"，颜色不均匀。

（11）浅水绿：浅绿色，色浅而鲜，较均匀。

图 10-11　浅水绿色翡翠挂件

图 10-12　蓝水绿色翡翠手镯与镯芯

图 10-13　蓝绿色翡翠手镯

（12）蓝水绿：绿色中略带淡蓝色调，颜色较均匀。

（13）蓝绿：绿色偏暗，带有明显的蓝色调。

（14）灰绿：灰色中有绿色，以灰色调为主，虽有绿色，但色不正。

（15）油青绿：色暗绿泛青，带蓝灰色调，如油浸般不鲜明。

图 10-14　灰绿色翡翠手镯

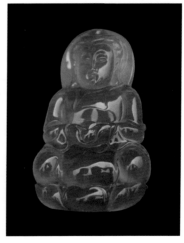

图 10-15　油青绿翡翠观音

11. 翡翠的紫色系列主要有哪些品种？

众所周知，天然绿色翡翠华丽沉稳，虽说翡翠通常以绿为贵，但也不做定数。在缤纷的翡翠世界里，有一种翡翠正以其知性优雅的气质获得众多女性的喜爱，这就是紫色翡翠。

紫色在翡翠中又称"紫罗兰"或"春"，是高贵祥和之色。我们常说的紫色翡翠其实是一个统称，在市场上，根据色泽的不同，翡翠的紫色通常可分为茄紫、粉紫和

图 11-1　茄紫色翡翠挂件

图 11-2　粉紫色翡翠俏色雕件《幽兰》

蓝紫色。其中，茄紫色包括由深到浅的正紫色；粉紫色也称"藕粉色"，其紫色中略带粉色调，色淡而均匀，若紫色中红色调较浓，也可称红紫色，红紫色较为稀少；蓝紫色为带蓝色调的紫色，是紫色翡翠中较常见的种类。

图 11-3　红紫色翡翠套链、忆翡翠供图

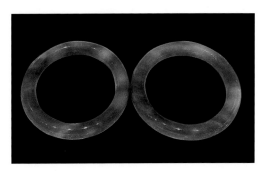

图 11-4　蓝紫色翡翠手镯

12.翡翠的"翡色"指的是什么色?

中国人爱翡翠,除了娇艳欲滴的翠绿色、优雅知性的紫色,同样也喜欢别样迷人的翡色。翡色是对翡翠中深浅不同的红、黄、棕褐等多种颜色的统称,有着吉祥如意、鸿运高照的寓意。翡翠的翡色是在翡翠形成后,含铁溶液后期浸入翡翠而产生的,多为玉石的表皮部分。翡翠的翡色包含"红翡"和"黄翡"两种。红翡常呈棕红色或暗红色,最佳者为鸡冠红色;黄翡包括由浅到深的黄色,常带褐色调,最佳者为栗黄色,又称为"黄金翡"。

图 12-1 红翡挂件

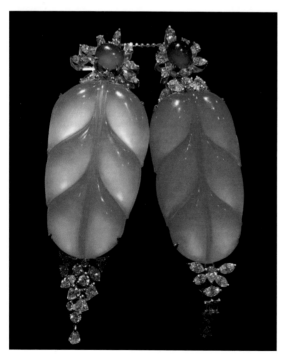

图 12-2 红翡雕件《一马当先》

图 12-3 黄翡叶形首饰
胡新红供图

13. 原来翡翠还有黑色、无色、白色的？

　　不同于绿色、翡色、紫色系列翡翠的耀眼夺目，黑色系列的翡翠透露着一股严肃庄重之意，给人以沉稳大气之感。黑色系列的翡翠主要包含两个品种，分别为墨翠和黑翡翠。其中，墨翠是指绿辉石质的翡翠，大多结构细腻，光泽较强，过量的铬和铁使其呈现深邃的颜色。墨翠的神奇之处在于其在正常光线下呈乌黑油亮的色泽，但在强光之下却呈深绿色。墨翠是一种很有深度的颜色，多给人以庄重、沉稳

图 13-1　墨翠猴子雕件

图 13-2 黑翡翠手镯和牌子

之感，因此，墨翠在缅甸当地也被称为"情
人的影子"或"成功男人的影子"；黑翡
翠又称"乌鸡种翡翠"，是以硬玉为主的
矿物集合体，其黑色由杂质元素致色。当
细小的碳质或黑色矿物沿裂隙或矿物颗粒
间隙密集分布时，就形成了黑翡翠。与墨
翠不同的是，黑翡翠无论是在自然光下还
是在强光照射下都呈黑色，并不会出现颜
色的改变。

翡翠中还有由较纯的硬玉矿物组成、
不含其他致色元素的无色—白色翡翠，包
括白色、灰白色和无色。其中无色者透明
度较好，灰白色多为半透明，白色常常不
透明。

图 13-3　无色翡翠
挂件，忆翡翠供图

图 13-4　灰白色翡翠
手镯

图 13-5　白色翡翠
手镯
玉祥源·张蕾供图

14."色高一成，价高一倍"，是真的吗？

颜色是衡量翡翠价值高低的重要因素，行业中有"色高一成，价高十倍"的说法。翡翠的颜色非常丰富，几乎涵盖了整个色谱，其中绿色系列翡翠的品种最为繁多，也最受消费者的喜爱。评价翡翠的颜色通常可以用"正""浓""阳""匀""和（俏）"五个字来概括。

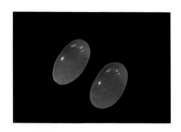

图 14-1　绿色翡翠蛋面

翡翠的颜色不是孤立存在的，而是与其结构和透明度有着密切的联系，因此评价翡翠时，不能只关注颜色本身，还要综合考虑多种因素对颜色及其价值的影响。通常，翡翠颜色等级从高到低依次为：宝石绿、翠绿、阳俏绿、苹果绿、黄杨绿、鲜艳的紫罗兰、鸡冠红、黄金翡、葱心绿、浅水绿、蓝水绿、蓝绿、普通的紫色、普通的翡色、灰绿、灰蓝、灰白等。如果翡翠上分布有散点状、条带状、斑块或斑点状微偏蓝绿色，则视其微偏蓝绿色区域的大小、多少、厚薄来判断翡翠的价值。如果一块翡翠上有包括绿色在内的四种以上颜色，则可以根据绿色在其中所占比例来评估翡翠的价值高低和等级。

图 14-2　翡翠手镯
绿丝带供图

图 14-3　三彩翡翠观音
沈罕供图

15. 翡翠颜色的"正"和"浓"一样吗?

翡翠颜色中的"正"指的是翡翠颜色的纯正程度,也称颜色的纯度。

翡翠颜色单一,不掺杂其他颜色,则颜色的纯度就高。例如,纯正的绿色应当为艳绿、翠绿,而灰绿、油青绿或蓝绿虽涵盖在绿色色系里,但属于偏色,因为掺杂了其他色调。若绿色翡翠颜色偏黄、偏蓝或偏灰,其价值会相对降低,其中偏蓝比偏黄对价值的影响大,偏灰则影响更大。通常我们所说的宝石绿、翠绿(艳绿)、阳俏绿和苹果绿属于正绿色,偏黄绿色有

图 15-1 正色翡翠,玉祥源·张蕾供图

图 15-2 偏色翡翠,忆翡翠供图

黄杨绿、葱心绿和豆绿等，偏蓝绿色则为蓝水绿、菠菜绿、瓜皮绿、蓝绿色等，灰蓝绿色包括油青绿、灰绿和蛤蟆绿等。

翡翠颜色中的"浓"指的是颜色的饱和度，即颜色的浓度。

翡翠绿色的浓度是有一个区间的，一般来说，绿色浓度在 70% ～ 80% 之间为合适，过高或过低都会影响翡翠整体的价值。翡翠的颜色极浓为黑色，极淡为无色，应以浓淡相宜为佳。饱和度浓淡相宜的为宝石绿、翠绿、阳绿或苹果绿，饱和度低的则为浅水绿或淡绿色。

图 15-3　色浓翡翠，忆翡翠供图

图 15-4　色淡翡翠

16. 翡翠颜色的"阳""匀""和"分别指的是什么？

图 16-1 色阳翡翠，绿丝带供图

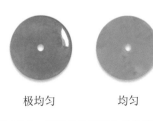

图 16-2 色暗翡翠

翡翠颜色中的"阳"指的是颜色的鲜艳或明亮程度。

翡翠颜色越鲜艳、越明亮，价值越高。同一色系的颜色有明暗变化，例如翠绿、深绿、中绿、草绿的明度就不一样；深黄、中黄、柠檬黄等黄颜色在明度上也不尽相同。通常颜色明亮的翡翠比偏暗偏黑的更为美观。

翡翠颜色中的"匀"指的是颜色分布的均匀程度。

同一块翡翠上往往会出现颜色不均（包括浓淡不均）的现象，呈现出各种"色形"，如斑状、团块状、脉状、丝状等。就单一颜色的翡翠而言，颜色越均匀价值越高。根据肉眼观察，翡翠的绿色均匀程度可分为极均匀（整体颜色无差异）、均匀（主体绿色，有细微颜色差异）、较均匀（主体绿色，可见不均匀）、欠均匀（主

极均匀　　　均匀　　　较均匀　　　欠均匀　　　不均匀

图 16-3　不同均匀程度的绿色翡翠

体绿色，明显存在不均匀）、不均匀（主体非绿色，有绿色分布）五个等级。

翡翠颜色中的"和"指的是多色翡翠颜色的分布与搭配效果的和谐程度，也称"俏"。"俏"也有巧施雕工之意，指翡翠的颜色分布和形状与其造型之间达到浑然天成的效果。翡翠的颜色极为丰富，不同颜色的搭配绚烂俏丽，为翡翠的艺术创作和文化寓意提供了丰富的想象空间。多色翡翠的颜色优劣还需要从整体色彩分布与搭配效果的美观程度来评价。

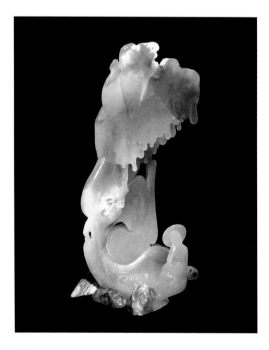

图 16-4　福禄寿翡翠雕件

17. 何谓"色根"?

在市场上，常常可以听到翡翠商人在介绍其翡翠产品的颜色时提到"色根"一词，那么，到底什么是"色根"呢？

在翡翠原石形成的过程中，各种致色离子的迁移决定了其颜色的分布和搭配组合。翡翠的绿色可呈不同形状，如斑状、团块状、脉状、丝状等，它们都是致色离子迁移后形成的绿色小晶体或集合体经不同排列组合后的表现。这些绿色似乎往往是从一点或一条线向外逐渐发散出来的，越靠近中心颜色越深，反之就越浅，这个中心仿佛是颜色的根，这就是俗称的"色根"。在同一色形的绿色中，"色根"常常被认为是绿色最浓艳的地方。因此，"色根"往往存在于分布不均匀或欠均匀的绿色翡翠中，整体颜色均匀的绿色翡翠则不谈及"色根"。

图 17 有"色根"的翡翠手镯

18. 描述翡翠的绿色优劣的行业术语还有哪些?

在行业中,绿色又称"翠"色,是翡翠中最具商业价值的颜色。因绿色色调、浓度、均匀度以及翡翠本身透明度的不同,翡翠的绿色种类繁多。行业中常常使用以下术语直观而形象地描述翡翠的绿色的特征:

(1)正色:指翡翠色彩的主色调是绿色,不含其他色调。翡翠的正色包括深的正绿色及翠绿色,其色彩饱和度可高可低。

(2)偏色:指翡翠色彩的主色调依然是绿色,但含有非绿色的色调,使得翡翠的色彩偏离了正色的绿色,故称之为偏色。偏色一般是偏蓝色或偏黄色,也有人将偏蓝、偏黄的绿色分别称为"蓝味""黄味"。

图 18-1 翡翠福瓜
绿丝带供图

图 18-2 正色翡翠挂件
Olympe Liu 供图

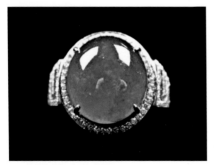

图 18-3 "蓝味"翡翠戒指
玉祥源·张蕾供图

图 18-4 "黄味"翡翠戒指
忆翡翠供图

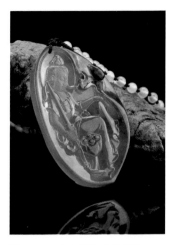

图 18-5 "色阴"翡翠挂件
螺丝带供图

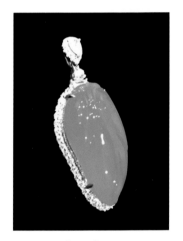

图 18-6 "色阳"翡翠挂件
忆翡翠供图

图 18-7 "色老"的翡翠耳饰
忆翡翠供图

（3）色阴：指翡翠的色调中含有蓝灰色或黑灰色，使得翡翠的绿色变得阴暗。同时，蓝灰、黑灰色彩的干扰影响了翡翠的光学性质，使得翡翠变得不通透、色彩发暗。

（4）色阳：翡翠的绿色中若含有黄色调，则通常明度会提高，因此当翡翠的绿色调中或多或少叠加了一些黄色调时，翡翠的颜色会显得更加鲜艳、娇嫩和明亮，这就称为"色阳"。

（5）色老：指翡翠绿色为色彩饱和度高、色彩很浓、不偏黄色调的正色，同时翡翠的绿色部分分布均匀，在灯光或阳光下翠色不发生变化。有人也称之为"色硬""色辣""硬绿"。

（6）色嫩：指翡翠绿色为正色或微偏黄色调，但色彩饱和度不高，整体颜色清淡，犹如春天的嫩树叶一般。

（7）色力：满绿的翡翠在反射光和透射光下看，颜色一般有所差异。如果颜色一致，则称色力足，又称"亮水"；如果透射光下看，颜色较淡，则称色力不足，又称"罩水"。如果一块翡翠透明度适中，则其绿色越艳，色力越足；绿色越浅，其色力越不足。

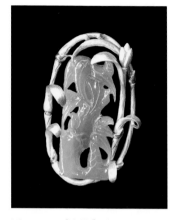

图 18-8 "色嫩"的翡翠挂件

图 18-9 "亮水"翡翠挂件

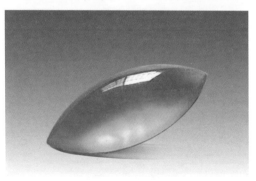

图 18-10 "罩水"翡翠戒面
冯秋桂供图

19. 什么是翡翠的"水头"？

消费者在选购翡翠时，一定经常听到"水头"这一名词，那么，究竟什么是翡翠的"水头"呢？翡翠的"水头"其实就是行业内对翡翠透明度的一种俗称，也有人简而称之为"水"，再通俗一点来说就是指翡翠的水润程度。

翡翠的透明度即指翡翠的透光能力，是除颜色外衡量翡翠品质的另一重要因素。根据翡翠透过自然光的能力可将翡翠的透明度分为五大级别。

（1）透明：可充分透过光线，通过翡翠可明显地看到对面物体。

（2）亚透明：能透过翡翠看景物，但有些模糊。

图 19-1　透明翡翠
忆翡翠供图

图 19-2　亚透明翡翠
胡新红供图

（3）半透明：翡翠透光很少，较难透视。

（4）微透明：透光困难，仅翡翠的边缘部位能透过少量光线。

（5）不透明：完全不透光，从任何角度观察翡翠皆无法透过光线。

透明度的好坏在翡翠行业中常用"长""足""好""短""干""差"等词来表示，透明度高的翡翠称之为"水头长""水头足""水头好""水好"；透明度较低的翡翠称为"水头短"；完全不透明的翡翠俗称"水头差""水差""水干"。绝大部分翡翠都是不透明至半透明的，透明者极为罕见，通常翡翠的透明度越高，其价值也越高。

商界对翡翠透明度的描述还有"一分水""两分水""三分水"的说法，这些说法是根据光线在翡翠内部能够通过距离的长短来界定的。通常"一分水"表示具有 3mm 的透光能力，"两分水"表示具有 6mm 的透光能力，"三分水"则表示具备 9mm 的透光能力。通常，翡翠"水头"的长短多凭肉眼估计。没有"水"的翡翠，就好像失去了灵魂，颜色呈现出僵的、干的、木的状态；有了"水"的滋润，颜色才能有变化，翡翠才显得有灵性和质感。

19-3　半透明翡翠
玉祥源·张蕾供图

图 19-4　微透明翡翠
玉祥源·张蕾供图

图 19-5　不透明翡翠

20. 什么因素会影响翡翠的"水头"？

图 20-1　结构均一、"水头足"的翡翠挂件

在翡翠中，若绿色含"水"，则绿色幽邃、富弹性，似漫无边际；若无色有"水"，则清澈如溪。我们已经知道了翡翠的"水头"对翡翠品质的重要性，那么，什么因素会影响翡翠的"水头"呢？

通过研究，我们发现翡翠的内部结构、颜色深浅，以及玉料或成品的厚薄均与翡翠的透明度密切相关，也就是说，这些因素会影响到翡翠的"水头"。

（1）内部结构的影响。

翡翠是矿物集合体，成分以硬玉矿物为主，其"水头"的长短是由组成翡翠的矿物种类、结构和粗细决定的。如果翡翠内部矿物晶体颗粒较细且大小均匀，这样的结构就可以让光线顺利透过，那么就能形成较好的透明度，这就可以说"水头好"。但是如果矿物晶体颗粒较粗，大小不均匀，光线便较难透过，翡翠的"水"就较差。因此，组成翡翠的矿物成分越单一均匀、颗粒越细、颗粒间边界越不明显，其透明度越好、"水头"越佳。

（2）颜色深浅的影响。

图 20-2　结构不均匀、"水头短"的翡翠观音，玉祥源·张蕾供图

翡翠颜色若是太深，也会导致透明度降低。例如满绿翡翠，饱满的颜色会使翡翠肉眼看起来不那么通透，让"水头"受到些许影响，但并不影响翡翠整体的价值。

（3）玉料或成品的厚薄。

"水头"与翡翠本身的厚薄有关。翡翠厚度越厚，光就越难透过，翡翠对光的吸收也会越多，所以在视觉上会感觉透明度有所降低。某些雕刻师在加工翡翠时，会选择合适的题材，因材施艺，通过切磨厚度的方法增强翡翠成品的视觉通透性，巧妙提升翡翠饰品的外观美感，从而达到良好的透光效果。

图 20-3　深绿色翡翠叶形挂件
绿丝带供图

图 20-4　厚度略薄的翡翠叶形挂件
玉祥源·张蕾供图

21. 翡翠中的"绺裂"和"石纹"是一种东西吗？

翡翠是大自然赠予人类的瑰宝，除了极少数非常优质的翡翠外，绝大多数在其形成过程、后期构造活动、开采或加工过程中多多少少会产生一些瑕疵和缺陷，对翡翠的净度和品质产生较大影响。这些瑕疵在业内有着一些通俗的名称，较为典型的有"绺裂"和"石纹"，其主要特征和表现形态如下。

（1）绺裂：又称"裂纹"，是翡翠在形成、开采或加工过程中产生的裂隙，开放性的为"裂"，闭合性的为"绺"。绺裂可能延伸到翡翠表面，可具开口状结构，存在一定缝隙，用指甲刮有不平滑的感觉。反射光观察可见表面的裂痕，在透射光下，光线不能穿透，绺裂呈暗色。绺裂对翡翠成品的耐久性有较大的影响。

（2）石纹：又称"玉纹"或"石筋"，是翡翠早期形成的裂隙后期被充填结晶而形成的矿物脉，是一种愈合裂隙，呈现线条状结构，被形容为"皮肤上的疤痕"。用指甲刮感觉不到裂隙的存在，在透射光下可以看到矿物脉的存在。石纹不影响翡翠的耐久性。当石纹细小时，几乎不影响美观；当石纹较多时，则外观会受到较大的影响。

图 21-1　有绺裂的翡翠手镯

图 21-2　有石纹的翡翠平安扣

22. 翡翠中的"石花"和"黑斑"长什么样？

翡翠中的瑕疵，除了"绺裂""石纹"，还有"石花""黑斑"，难道是石头"开花"或是"长斑"了？其实，"石花"和"黑斑"同样是行业内对翡翠瑕疵形象的俗称，其具体特点如下。

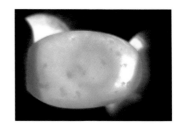

图 22-1　翡翠中的"芦花"

（1）石花：翡翠中常有透明度稍差的小团块与纤维状晶体交织在一起的现象，这就是"石花"。石花对翡翠的透明度不利，且容易对绿色产生不良影响，从而降低翡翠的价值。一般而言，一只石花较多的翡翠手镯的售价，会比一只质地相似但无石花的翡翠手镯低一半左右。

石花又可分为"芦花""棉花""石脑"。"芦花"是指分布较为零散细碎的絮状物；"棉花"是指较为明显的团块状絮状物；"石脑"是指非常明显的团块状白色或灰白色絮状物。

图 22-2　翡翠中的"棉花"

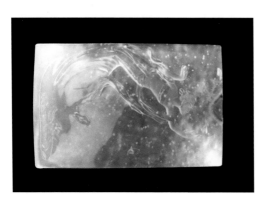

图 22-3　翡翠中的"石脑"
忆翡翠供图

图 22-4　翡翠中的"活黑"

（2）黑斑：又称"黑"或"黑花"，俗称"苍蝇屎"，是指由黑色、墨绿色、暗绿色矿物组成的与周围翡翠的颜色有明显区别的斑点状瑕疵。如果黑斑的周围有墨绿至浅绿色的晕彩，并与周围背景有渐变过渡的关系，称为"活黑"；若黑斑与周围背景界限清楚，无渐变过渡关系，则称为"死黑"。

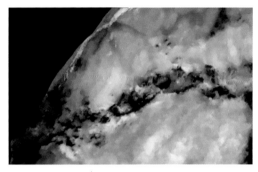

图 22-5　翡翠中的"死黑"

23. 什么是翡翠的"地"？翡翠的"地"有哪些类型？

除了"水头"，翡翠的"地"也是行业中经常出现的名词。翡翠的"地"是指除去翡翠颜色之外的质量情况，也就是对翡翠颜色所附着的基底部分的质量情况的评价，如透明度、结构细润致密程度、光泽度、洁净度以及它们之间的协调程度等方面的综合描述，有质地和基底之意，所以又称为"地子""底子""地张"。翡翠"地子"的质量与底色、瑕疵、水头以及颜色（尤其是绿色）的协调程度密切相关，其优劣程度直接关系到翡翠玉料的加工质量，影响到翡翠玉件的质量品级和商业价值。如果翡翠的色好但透明度差，且杂质、裂纹、脏色多，则称为"色好地差"。好的"地子"应当结构细腻、色泽均匀，杂质、裂纹、脏色少，并具有一定的透明度。

翡翠的"地"种类很多，常见品种按优劣依次为："玻璃地""冰地""糯化地""藕粉地""油青地""豆地""瓷地""干白地"等。

（1）玻璃地：底色为无色或有色，完全透明无杂质，翡翠的结构细腻均匀，水头足，透过翡翠可以看清字物，如玻璃

图 23-1　玻璃地无色翡翠挂件
胡新红供图

图 23-2　玻璃地绿色翡翠耳坠
忆翡翠供图

图 23-3 冰地淡紫色翡翠吊坠
Olympe Liu 供图

图 23-4 糯化地翡翠挂件
忆翡翠供图

图 23-5 藕粉地飘花翡翠手镯

图 23-6 油青地翡翠手镯

般晶莹剔透基本无"石花"，是翡翠中最高档的地。

（2）冰地：底色为无色或淡色，透明至亚透明，可有少量"石花"类絮状物。晶莹如冰，给人一种冰清玉洁的感觉。也是高档的翡翠地子。

（3）糯化地：底色为无色或有色，亚透明至半透明，色泽"化"得开，糯得均匀，无杂质，整体色泽混沌均匀，玉质细腻如生蛋清，所以也称"蛋清地"，是质量很好的地。

（4）藕粉：底色为紫色或微带粉色，似熟藕粉的颜色，半透明至不透明，质地比较细腻。

（5）油青地：又称"油地"，深绿

色至暗绿色，带有明显的灰色或蓝色调，半透明，质地细腻，表面泛油脂光泽。

（6）豆地：颜色多为浅绿色，半透明至微透明，质地略粗，肉眼可见颗粒，颗粒边界清晰。

（7）瓷地：底色为白色，微透明至不透明，质地细腻，犹如白色瓷器。

（8）干白地：底色为白色，不透明，颗粒粗糙，结构松散，肉眼可见明显矿物颗粒边界，地子干。

图 23-7　豆地翡翠挂件
玉祥源·张蕾供图

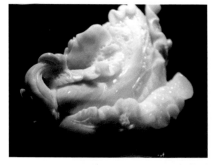

图 23-8　瓷地翡翠摆件
玉祥源·张蕾供图

图 23-9　干白地翡翠手镯

图 23-10　干白地翡翠鱼缸
张毓洪供图

24. 为什么有"行家看种，外行看色"之说？

翡翠市场上，还有一个用于描述翡翠品质且频繁使用的名词——"种"。

"种"是指翡翠的矿物组成、结构、透明度等在翡翠品质上的综合表现，亦即翡翠的晶体颗粒的大小、致密程度和透明度的综合反映，又称为"种份"或"种质"。这一概念最早是在翡翠商贸中出现的，因其综合翡翠的各种特征来描述某一类翡翠，渐渐地"种"成了划分翡翠的优劣及价值高低的一种通用术语。好的"种"能使颜色饱满的翡翠水灵明澈、充满灵气，

图 24-1 种好无色的玻璃种翡翠佛、忆翡翠供图

也可以使颜色浅的翡翠呈现温润晶莹的效果。

"种"是评价翡翠品质的重要标志之一，其重要性更有甚于颜色。"种"好的翡翠晶体颗粒小，结构细腻致密，从外表看起来光泽感强，玲珑剔透，显得很有灵性，甚至可见到"起荧"现象，宝气十足，若带有颜色，则色彩更具灵动感，十分美丽；而"种"不好的翡翠，内部晶体颗粒大，结构相对疏松，质地比较粗，即使有颜色，其光泽度也相对较差，美感不足，市场价值并不高。因此，在行业内有"行家看种，外行看色"之说。评价翡翠的品质时，首先要看"种"，然后再结合其他方面的因素进行综合评价。

在翡翠的传统分类里，"种"只分为两种："老坑种"和"新坑种"。这里的"老"和"新"不是指翡翠的年龄，而是对其品质的一种分类。一般说来老坑种的品质要优于新坑种，因为老坑种翡翠的结构更加紧密，内部颗粒也较为细腻，而新坑种翡翠相对来说结构较松散，也更容易发生变种。

图 24-2　种好满色玻璃种翡翠观音
胡新红供图

图 24-3　种干满色的翡翠佛挂件

25. 有"老种翡翠""新种翡翠"，竟还有"新老种翡翠"？

随着翡翠的不断开采、开发与利用，翡翠的品种日益增多，人们又对翡翠的种质进行了进一步的分类，分为老种翡翠、新种翡翠和新老种翡翠。

（1）老种翡翠：也称老坑种翡翠，一般产自开采历史久远的翡翠冲积或沉积矿床，采出的玉料都是像砾石一样的"仔料"。仔料一般都裹着一层皮，少数滚动在现代河床的仔料无皮，称为"水石"。老种翡翠的矿物组成单一，矿物颗粒均匀细小（小于0.1mm，放大镜下看不清矿物颗粒）、结构致密、质地细腻、透明度好、硬度大，无色或颜色分布均匀。"老种"常常被视为优质翡翠的代名词。玻璃地、糯化地、冰地的翡翠一定是老种，其中玻璃地的老种翡翠是最高档的品种。

图 25-1　老种翡翠原石
珍宝轩供图

（2）新种翡翠：也称新坑种翡翠，通常产自采掘历史不长的翡翠原生矿床，属于山料。新种翡翠的矿物颗粒大小分布不均（通常晶体颗粒大于1mm，肉眼易见），玉质较为粗糙，杂质含量多，透明度偏低，多数质量偏低。瓷地、干白地的翡翠多为新种。

（3）新老种翡翠：也称新老坑翡翠，多产自翡翠的残积或坡积矿床。新老种翡翠的特性介于新种翡翠和老种翡翠之间，组成矿物的晶体颗粒大小则介于上述二者之间。

图 25-2 新种翡翠原石
绿丝带供图

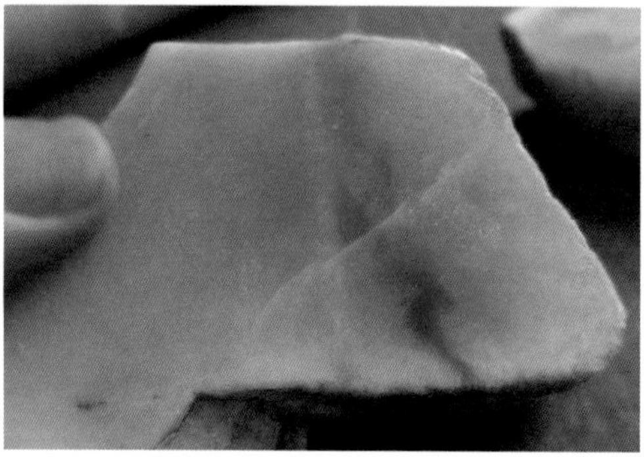

图 25-3 新老种翡翠原石

26. 翡翠的"种""地""水"是一回事吗?

有时"种""地"的概念容易混淆,例如我们现在耳熟能详的"玻璃种""冰种"等称呼,其实一开始被统称为"地",即"玻璃地""冰地"等。但是后来,因为许多人把"种"和"地"混为一谈,渐渐地大众也开始接受"玻璃种"这种叫法,并逐渐成为一种主流,在商贸和日常中广为人知。其实,"种"和"地"两者之间既有联系又有区别,翡翠的"种"体现的

图 26-1 "老坑玻璃种"
翡翠观音挂件
玉祥源·张蕾供图

是翡翠质地和透明度形成的一个整体的、宏观的、外在的感觉，翡翠的"地"则多指基底的细润程度、瑕疵等方面的综合体现。例如"玻璃种"，无论什么颜色的玻璃种翡翠，其透明度都要像玻璃一样透明，"种"更注重整体效果；而"玻璃地"则侧重翡翠的基底像玻璃一样洁净无瑕。

在翡翠中，品质最好的俗称"老坑玻璃种"，其晶体颗粒极其细小，质地细腻纯净，瑕疵较少，种色俱佳，一般"水头"也都非常足，是翡翠中的极品；而结构粗糙、颗粒度较大的翡翠一般"水干"或"水头差"，虽然品质较差，却也可以用来制成档次低、价格便宜的普通首饰。可见，翡翠的"种"和"水"其实是相辅相成的，因此行业内也有人常常将"种水"合在一起说，来评价翡翠品质的高低，但并不代表"种"和"水"是一回事。

通俗地讲，"种"应当是"地"和"水"的综合效果，发展到今天，翡翠"种"的概念也在不断地变化和扩展，不同的学者与商家依据不同的视角对翡翠有着不同的分类。许多人不但将颜色加入了"种"的概念中，甚至将翡翠的场口也放了进来，这样的概念在市场上开始流行。有一些"种"的描述具有普遍性，在行业中得到认可和传播，而那些比较独特的描述便被优胜劣汰，慢慢淡出人们视野。

图 26-2 种水较差的低档翡翠手镯

图 27-1 "玻璃种"翡翠挂件
忆翡翠供图

27. 什么样的翡翠可称为"玻璃种"和"冰种"？

相对于传统意义上的老种、新种和新老种的分类，目前市场上较为常用的翡翠"种"的商业俗称可达十种之多，其中"玻璃种"和"冰种"最为消费者所熟知，并成为高端翡翠的代名词。那么，"玻璃种"和"冰种"如何区分，其各自的特点如何？

（1）玻璃种：无色透明，晶莹剔透，结构细腻，10倍放大镜下难见矿物颗粒。"玻璃种"翡翠多不带颜色，或颜色偏蓝、偏黄，或色呈丝状，加工优良者其成品常起莹光，光泽强，反光明朗，具有宝石光彩，俗称"起莹"。

若玻璃种与最高档的宝石绿色相结合，便诞生出了翡翠中最高档的收藏级品种——"老坑玻璃种"。"老坑玻璃种"具有符合"浓、阳、正、匀"的帝王绿色，结构细腻致密，外表晶莹通透，透明度高，水头足，极为稀少，仅在缅甸老场口产出。

（2）冰种：无色或淡色，亚透明至透明，结构细腻，肉眼可见少量石花类絮状物。透明似冰，给人冰清玉洁之感，具有明显的玻璃光泽。

图 27-2 "老坑玻璃种"翡翠挂件，胡新红供图

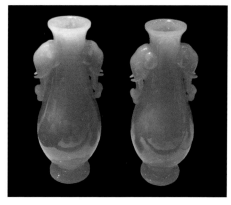

图 27-3 "高冰种"翡翠手镯　　　　图 27-4 "冰紫"翡翠双耳瓶

在市场上，属于冰种范围的翡翠品种较为广泛。有商家将透明度偏高的冰种称为"高冰种"；有商家将淡紫色与冰地结合的翡翠称为"冰紫"；也有一些冰地翡翠，底色为无色或白色，内有蓝色或绿色絮状、脉状物，则被称为"冰种飘蓝花"或"冰种飘绿花"。

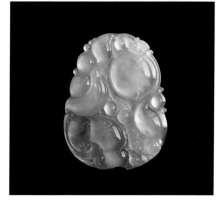

图 27-5 "冰种飘蓝花"翡翠平安扣　　图 27-6 "冰种飘绿花"翡翠挂件
胡新红供图

28."糯种翡翠"和"金丝种翡翠"是什么样的?

虽然"玻璃种"和"冰种"翡翠在市场上备受消费者的青睐,是收藏家们首选的种质,但"糯种"和"金丝种"同样有着很高的市场热度和人气,它们以各自的优点展示出别样的美感,深受众多消费者的喜爱。下面就让我们看看这两种翡翠是什么样的吧。

(1)糯种:比冰种翡翠透明度略低,属于半透明,形似糯米汤,黏腻浑浊。糯种的翡翠品种比冰种还多,若翡翠质地中部分区域达到透明或亚透明,可称为"糯冰";若在翡翠半透明白色基底上有絮状、

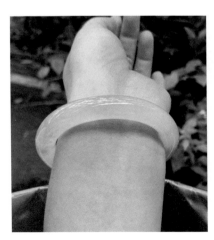

图 28-1 "糯种"翡翠手镯
忆翡翠供图

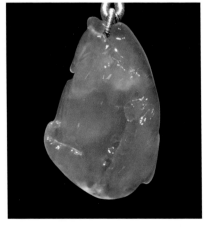

图 28-2 "糯冰"翡翠挂件
忆翡翠供图

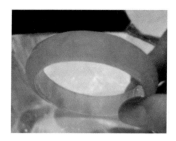

图 28-3 "飘绿花" 翡翠手镯

图 28-4 "飘蓝花" 翡翠手镯

脉状的绿色或蓝色，也可称为"飘花"，根据色调可以分为"飘绿花"和"飘蓝花"。

（2）金丝种：亚透明至透明，质地较为细润，内部杂质、裂纹均较少，绿色呈丝状分布，绿中略带黄，色泽鲜艳明亮，给人以"翠中泛金光"的感觉。绿丝有细有粗，可连可断。金丝种的色艳、水好、地好，所以金丝种翡翠常用来制作一些中高档的翡翠手镯、翡翠杂件、翡翠花件等，亦颇受消费者的青睐。

图 28-5 "金丝种" 翡翠挂件
Olympe Liu 供图

29. 翡翠中的"白底青"和"豆种"是什么样的?

"白底青"和"豆种"均是市场上较为常见的翡翠品种,常与绿色相伴,其产品种类多样且价格较为亲民,深受人们的喜爱,其各自的特点如下。

(1)白底青:底色为白色,质地较为细腻,多为瓷地,绿色为斑块或团块状,与白色形成鲜明对比。白底青大多数不透明,是常见的翡翠品种。

图 29-1 白底青翡翠雕件

(2)豆种:颜色多为浅绿色,半透明至微透明,肉眼可见明显颗粒,恰似一粒一粒的豆子排列在翡翠内部,能够看出晶体的分界面。业内有俗话说"十有九豆",即说明豆种的产量很大。豆种翡翠根据结构中颗粒度的大小,还有"粗豆"和"细豆"之分。豆种翡翠的结构疏松,矿物颗粒粗大,透明度较低,水头短,光泽弱,

图 29-2 豆种翡翠手镯

图 29-3 "芋头种"翡翠手镯

相对于水头足的翡翠价位较低，市场上更为常见。

以前还有"芋头种"（底子较脏的粗豆种）、"雷劈种"（满绿色具有大量不规则裂纹）、"八三玉"（据说产于"八三"之地或产于 1983 年的新坑豆）等品种，但如今这些说法在市场上已渐渐淡去。

30.你能分清翡翠中的"油青""花青""干青""铁龙生"吗?

在翡翠市场中，"油青种""花青种""干青种""铁龙生"的外观多有相似，易于混淆，我们可以根据以下特征进行甄别。

（1）油青种：也称"油青"，颜色为深绿色至暗绿色，带有明显的灰色或蓝色色调，半透明至亚透明，质地细腻，表面有油脂光泽，光泽暗弱。"油青种"一般属于老种，但沉闷的颜色和油性降低了其质量档次。市场上的"油青种"很常见，多被制成小挂件和手镯。

（2）花青种：也称"花青"，主体

图 30-1　油青种翡翠观音挂件

图 30-2　花青种翡翠挂件
张毓洪供图

图 30-3　干青种翡翠花
牌

绿色分布不均匀，呈脉状或斑状分布；其底色为淡绿色，质地可粗可细，半透明至不透明，可有白色石花。

（3）干青种：也称"干青"，满绿色，颜色浓且正，常有黑点，不透明，玉质较粗，地子干。

（4）铁龙生：满绿色，颜色鲜艳较浓，分布深浅不一，有白色石花，微透明至半透明，多数质地较粗，常被加工成薄片状翡翠成品。"铁龙生"在缅甸语中意为满绿色，也是缅甸翡翠矿区一个场口的名字。

图 30-4　"铁龙生"翡翠挂件

31. 翡翠为什么会"起莹"？

在谈到翡翠的种和品质时，经常可以听到"起莹"一词，它通常是商家用来描述翡翠表面光泽度的一个行业术语。

何谓"起莹"？当我们观察翡翠成品时，有时候可以观察到翡翠表面或边缘有一种柔和、朦胧的浮光，像荧光一样，行业中称之为"起莹"现象，也称"起荧"，又称"莹光"或者"宝光"。

"起莹"现象其实是光线反射或散射的结果。当外界光线照射翡翠的时候，一部分光线会直接在表面反射掉，另一部分光线则进入翡翠内部，在矿物颗粒间反复地折射、漫反射。在一些颗粒细腻的翡翠内部，当其粒径和光波的波长达到一定比例时，可以形成散射，之后这部分光再从翡翠内部反射出来，肉眼就可以观察到翡翠内部透出的朦胧柔和的光团。这些光团一般为白色，随着翡翠的转动，光团也会

图 31　"起莹"的翡翠戒指

流转游动，好似晚上薄云游动下的月光。翡翠的"起莹"类似于月光石的"月光效应"。

一般来说，种差、水头差的翡翠不会产生荧光，翡翠要想"起莹"，需要本身结晶粒度细、内部洁净，并且在加工时打磨出恰当的弧度，因此"起莹"现象在高冰种或者玻璃种翡翠弧度饱满的区域较容易出现。除了无色的翡翠，有颜色的翡翠也可以产生荧光，但是会因为颜色太深而导致荧光光团不明显。

32.什么是翡翠的"起胶"和"刚性"？

在翡翠市场上，经常会听到商家说：瞧这翡翠多漂亮，都"起胶"了！

又一商家说：这翡翠"刚性"十足，值得收藏！

什么是"起胶""刚性"？你是否对这些稀奇古怪的名词感到困惑呢？

其实"起胶""刚性""起莹"都是商家用来表述翡翠表面光泽度的一些行业术语。

图 32-1 "起胶"的翡翠挂件
忆翡翠供图

图 32-2 "刚性"十足的叶形翡翠
张毓洪供图

何谓"起胶"？翡翠的"起胶"是一种形象的说法，就是组成翡翠的晶体颗粒非常细小，并有序排列，在光线的照射下，其表面会产生一种似胶水一般凝结黏稠的视觉效果，这是光线在翡翠表面漫反射造成的，也称"胶感"。出现这种情况一般是由于翡翠质地细腻致密且表面非常光滑。

"起胶"和"起莹"都是老坑翡翠种水好的典型表现，但"起胶"不像"起莹"，必须是高冰以上的种质，好的糯冰和冰种中也有可能出现。

何谓"刚性"？"刚性"是指翡翠表面的光感清晰锐利，反差对比强烈，使人观之能感受到如钢的表面一般的质感，坚硬刚毅、寒光冷冷的感觉。通俗地讲，就是一眼看上去有镜面的感觉。

一块翡翠要想具有"刚性"，就要满足种老、水头好、抛光工艺精湛、表面光滑如镜等必要条件。

补充说明一下"起胶""起莹""刚性"三者的区别："刚性"硬朗利索；"起莹"比"刚性"光感稍弱，朦胧柔和；"起胶"的光有凝滞感，好似胶水般黏稠。

一件翡翠显"刚性"的同时大多会"起莹"，但"起莹"的不一定具有"刚性"，而"起胶"和"起莹"一般较少同时出现在同一块翡翠上。

33. 何谓翡翠中的"晴水"?

翡翠颜色五彩缤纷，种质千变万化。近年来，随着人们对翡翠种、水、色的细分，不断产生新的名词。在众多的翡翠品种中，有一种翡翠很特别，它的颜色均匀而浅淡，有着纯净的底子，让人过目难忘，在行业中被称为"晴水"。"晴水"是近几年流行起来的叫法，它并不属于翡翠的专业术语，是行业俗语中对某种翡翠特征的形象比喻。

"晴水"名字的出来与云南的气候有关。云南素有"彩云之南"的美称，尤其在雨季，每当阵雨过后，天空一片晴朗，池塘湖水在蔚蓝天空的映射下，会泛出淡淡而均匀的绿色或蓝绿色调，景色十分宜人。云南的翡翠玉石商们就将翡翠中看上去像晴朗天空一样均匀清淡的绿色、蓝绿

图 33-1　绿色调"晴水"翡翠挂件，忆翡翠供图

色或蓝色的，称为"晴水"或"沁水"，其中的"水"也代表着翡翠质地的圆润和透明，即水头足。

"晴水"翡翠对种水的要求高，一般要达到冰种或冰种以上，玉质纯净，底子清透细腻。有时，它的表面也会"起莹"，加上淡雅的色调，看起来赏心悦目、清爽干净。值得注意的是，在白色背景和黄色柔和的光线下，"晴水"翡翠的绿色会十分明显，受到众多翡翠爱好者的喜爱。从市场价值来讲，当"晴水"翡翠的种水及块度大小相差不远时，绿色调的"晴水"翡翠，会比蓝色调的"晴水"翡翠更好看，显得更加明艳娇俏，更受人喜爱。因此，前者的价值明显高于后者。

常常有人将带蓝色调的"晴水"直接称为"蓝水"，其实不然，"蓝水"颜色多偏蓝偏深，而"晴水"则是偏浅蓝色，而且颜色非常淡，色感清爽明亮。

图 33-2 蓝色调"晴水"
翡翠观音，胡新红供图

069

34. 何谓"十紫九木"？

翡翠的颜色、质地纷繁多样，每个人对翡翠品质与颜色的喜好也各有不同。有一类消费群体，多为优雅知性的女性，她们独爱紫罗兰翡翠。中国自古就有"紫气东来"的说法，因此，她们认为紫色是高贵吉祥的代表色，但在选购紫色翡翠时却容易遇到困扰，因为商家常说"十紫九木"。那么，到底什么是"十紫九木"呢？

"十紫九木"，也称"十春九木"或"十紫九豆"。"木"有少水、地粗、呆板之意。的确，市场上的紫色翡翠多见于新种翡翠中，绝大多数为豆种，颗粒明显，微透明至不透明，仅有极少数可达半透明至亚透明。

图 34-1　紫罗兰翡翠手镯
Olympe Liu 供图

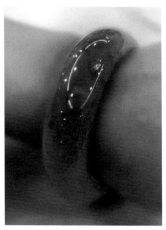

图 34-2　蓝紫色翡翠手镯

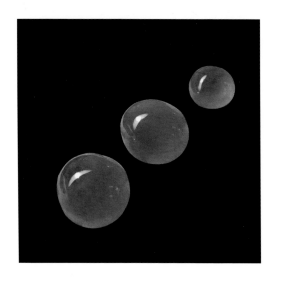

图 34-3　红紫色翡翠戒面
胡新红供图

图 34-4　紫色翡翠项链和戒指

图 34-5　粉紫色翡翠珠链
胡新红供图

翡翠的紫色属于原生色，是锰离子介入产生的色彩。但紫色翡翠多数质地较为粗糙，矿物晶体颗粒较大，这使得绝大多数紫色翡翠种水不好，影响了紫罗兰翡翠的品质。尽管如此，紫罗兰翡翠中也有极少部分种色俱佳的优质品种，如糯种的粉紫色珠链和冰种的红紫色翡翠戒面，在翡翠市场上的价格也不菲。

翡翠的紫色常常与其他颜色组合形成多彩俏丽的多色翡翠，其种质也千变万化，无论是"春带彩""福禄寿"还是"福禄寿喜""五福临门"，紫色都扮演着非常重要的角色，它使得翡翠更加绚丽多彩。

无论是带有紫色的多色翡翠，还是不同色调的紫色翡翠饰品，都蕴含着春天的气息和青春的朝气，那一抹高雅祥和的紫色是诸多女性的最爱。

图 34-6 "春带彩"翡翠雕件

图 34-7 紫罗兰翡翠葫芦挂件

35. 如何评判翡翠的净度？

喜欢翡翠的朋友们经常会在一起讨论和欣赏彼此佩戴的翡翠饰品，有经验的朋友会指出，这件翡翠很干净，那件翡翠不够纯净，等等。这就牵涉到翡翠净度的概念和等级划分了。

翡翠的净度是指翡翠内部的纯净程度或称干净程度，即翡翠内部绺裂、石纹、石花、黑斑等瑕疵的多少。翡翠的净度是由翡翠所含瑕疵的数量、大小、形状、位

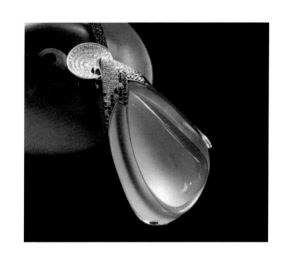

图 35-1 极纯净的翡翠
胡新红供图

图 35-2 纯净的翡翠
忆翡翠供图

图 35-3 较纯净的翡翠

置以及与底色的反差等因素对其外观的综合影响程度所决定的。

通过肉眼观察翡翠瑕疵，可将净度分为五个级别：极纯净、纯净、较纯净、不纯净、极不纯净。

（1）极纯净：几乎看不到内、外部瑕疵，仅在不明显的局部有极少量浅色点状物、絮状物（如"芦花"），对整体美观或耐久性没有影响。

（2）纯净：有细小的内、外部瑕疵。肉眼可见少量浅色点状物、絮状物（如"芦花"和"棉花"），对整体美观或耐久性有轻微的影响。

（3）较纯净：有较明显的内、外部瑕疵。肉眼可见点状物、絮状物及少量块状物（如"石脑"），对整体美观或耐久性有一定影响。

图 35-4　不纯净的翡翠
玉祥源·张蕾供图

（4）不纯净：有明显的内、外部瑕疵。肉眼易见点状物、絮状物和块状物，还可见纹理（如"石纹"）和裂隙，对整体美观或耐久性有明显影响。

（5）极不纯净：有极明显的内、外部瑕疵。肉眼明显可见块状物、纹理和裂隙，对整体美观和耐久性有严重影响。

需要说明的是，对翡翠净度的观察会受到透明度和颜色的影响。通常，透明度低的翡翠中的瑕疵不易观察。随着透明度的提高，内部的可视程度随之提高，瑕疵和杂质对翡翠的影响会被放大，因此瑕疵对无色透明翡翠净度的影响比对其他颜色翡翠净度的影响显著。

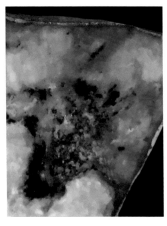

图 35-5　极不纯净的翡翠

翡翠如何买?

——翡翠的工艺、投资与鉴别之问

图 36-1　选料

图 36-2　开料,绿丝带供图

36.翡翠艺术品是如何诞生的?

翡翠从原料到成品需要一系列的加工过程。国人对翡翠的加工制作有着独特的经验,中国工匠擅于利用并发挥翡翠原料的特色以达到美丽、省料的效果。在我国不同地区,翡翠玉石的加工方法也略有不同,但大致上可归纳为四大程序。

第一道程序为选料,这是关键的开端。在此过程中,工匠要对翡翠原料进行充分分析。翡翠玉料大多带有皮壳,即翡翠赌石,赌石有风险,所以学会选料尤为关键。

第二道程序为开料,这是重要环节。"一刀定生死",细心观察才能巧妙避开裂纹,保留最为华丽的那一抹翠色。开石有方法,主要应顺纹或顺主裂纹的方向切开。

图 36-3　主体设计
绿丝带供图

图 36-4　首选制作手镯
绿丝带供图

图 36-5　优质局部加工选做戒面

图 36-6　小件作品雕刻

　　第三道程序是主体设计，根据开料结果，全面考虑玉料特点，尤其是翡翠的颜色、纹路和裂纹。根据其特色，首先考虑是否可做手镯，继而考虑局部是否可加工成戒面。若原料出现裂纹，则考虑制作花件或雕件。如果玉料较大且特色明显，以将原石提高到最大价值为原则，可设计成大型摆件陈设品。

　　第四道程序为加工工艺。首先进行切割，小件需分步切割成不同用途规格的尺寸，或改变不能用的片料的加工用途以达到物尽其用的目的。而对于摆件，则要根据设计样式需求，切割成大致毛坯。其次是雕刻环节，该环节主要涉及轧、勾和收光三种操作。用轧砣开外形，以勾砣勾细纹，最后将多余的刻痕和砂眼打磨平整进行收光。而后为抛光环节，在人工打磨或机器打磨后进行细致抛光。最后进行装潢，包括给摆件配底座，给翡翠首饰配精美包装，既能装饰美化，又能保护成品、方便运输。

好的翡翠艺术品从翡翠玉料中诞生，经过一系列的加工工艺流程，才拥有了极美的外表。因材施艺、量材而行是加工翡翠的基本原则，合理的加工设计才能最大限度地发挥翡翠的美。

图 36-7　配好底座的成品摆件

37. 如何欣赏一件翡翠艺术品?

翡翠绚丽多彩,种类繁多,品质良莠不齐,珠宝行业内主要从颜色、透明度、质地、净度,并结合工艺价值和体积(大小)因素对翡翠进行综合评价,涉及行业中常提及的"种""水""色""地""工"等俗称。一件优质的翡翠艺术品,不仅优在翡翠本身,更优在工艺水平。那么,如何正确地欣赏一件翡翠艺术品呢?

俗话说"玉不琢不成器""三分料七分工"。在材质相同的情况下,工艺水平不同的翡翠制品在市场上有着截然不同的价格,因此,若想正确欣赏一件翡翠艺术品,同样要注重其工艺价值。翡翠成品工艺评价的主要因素包括选材设计、切割比例、雕刻工艺及抛光工艺等方面。

图 37-1 翡翠雕刻摆件
玉祥源·张蕾供图

图 37-2 翡翠雕刻摆件
沈罕供图

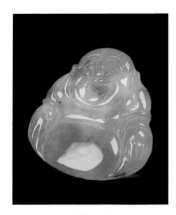

图 37-3　翡翠佛雕件

（1）选材设计。

选材设计的评价主要针对翡翠制品的形制及纹饰，以主题鲜明、寓意恰当、对材料颜色及质地利用得当、纹饰图案有创意为最佳。选材设计得当、"俏色"运用巧妙，才能将翡翠的材质美最大限度地展示出来，提升翡翠产品的附加值。例如选择观音、佛等题材时，脸上不能有"花"，即观音和佛的面部要干净，不能存在不均匀的颜色，否则便是败笔，将影响价值。

（2）切割比例。

切割比例直接决定着翡翠成品的美学效果，最直观的就是美观程度。

素身翡翠成品主要强调形状是否对称流畅、比例是否恰当。翡翠戒面厚度以适中为宜，太厚略显笨拙，太薄则缺乏质感并且降低坚韧程度。

翡翠雕刻成品则主要强调所雕琢形象的轮廓比例、文化传承及艺术效果的综合影响，对不同形象的比例要求也不尽相同。

（3）雕刻及抛光工艺。

雕刻工艺是在设计的基础上实现完美造型的直接手段，在很大程度上决定着翡翠雕刻成品的价值。好的雕刻工艺要求雕刻图案的线条、平面或弧面要流畅，刻画造型的整体轮廓需清晰美观，勾勒细节要细致，如人物或动物面部是否端正、生动，植物主干是否苍劲、枝蔓是否婀娜，景物

图 37-4　俏色翡翠雕件《花仙子》
董春玉供图

图 37-5　中国珠宝玉石首饰行业协会
"天工奖"作品《留得残荷听雨声》
沈军供图

是否有层次感等。

此外抛光面要求光滑细腻，棱、角、凹坑等细节部分要达到应有的抛光效果。有些现代优秀翡翠雕刻作品创新性地运用了哑光工艺，既增强了对比度，又突显出真实自然的质感，增强了作品的视觉冲击力。

总之，优质的翡翠原料，要因材施艺并配以精湛的工艺方能成为翡翠中的精品和顶级收藏品。

图 37-6 中国珠宝玉石首饰行业协会"天工奖"作品《紫罗兰翡翠观音》，沈罕供图

38. 这么多的翡翠佩饰、翡翠摆件，我该怎么挑？

近年来，钟爱翡翠玉石的朋友越来越多，不少人热衷选购翡翠玉石用于佩戴装饰，更有人愿意作为一种投资收藏。那么，什么样的翡翠值得投资？怎样的翡翠具有收藏价值呢？

俗话说"物以稀为贵"，在翡翠市场上，顶级的翡翠往往是最为稀少而珍贵的，也最值得投资与收藏。顶级的翡翠必须满足高价值翡翠的颜色、质地、透明度、净度、雕刻加工工艺和大小尺寸等各种指标的要求，针对翡翠佩饰与翡翠摆件这两大类，我们可以这样挑选。

（1）翡翠佩饰：需要同时满足高品

图 38-1　具有收藏价值的翡翠饰品
忆翡翠供图

图 38-2　有投资价值的翡翠手镯
胡新红供图

图 38-3　有投资价值的翡翠珠串

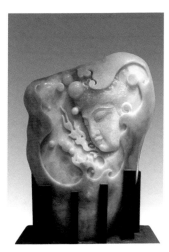

图 38-4　玉雕大师作品《修》
董春玉供图

质材质和高水平加工工艺的要求，即颜色要达到宝石绿、翠绿、阳俏绿、苹果绿级别或纯正艳丽的紫罗兰色、黄金翡色、鸡冠红色等，应为冰种至玻璃种，透明度好，水头足，内部纯净，质地细腻，工艺精美，同时饰品尺寸大小适宜佩戴应用即可。达到此要求的翡翠饰品即有投资价值，每项评估指标均能达到最高级别的翡翠饰品则具备收藏价值，如帝王绿色极纯净的老坑玻璃种翡翠饰品。

（2）翡翠摆件：对材质的要求可以放宽，但对雕刻工艺的要求非常高，雕刻主题、雕刻技艺与翡翠材质的种、水、色达到"巧、俏、精"的标准，便具有投资收藏价值。

总之，投资收藏翡翠始终离不开种、水、色、工的评估标准，其符合标准度越高，就越有收藏价值和升值空间，并且翡翠成品的制作年代（如前朝收藏品）、创作者及其声望（如玉雕大师的作品）、来源（如社会名流佩戴和收藏品）等因素也会提升其投资收藏价值。

图 38-5　清·乾隆翠雕龙纹杯盘
北京故宫博物院藏

图 38-6　玉雕大师作品《翡翠
螭虎蝠纹子母瓶》，张铁成供图

39. 好的翡翠一定是凉的吗？

一般说来，好的翡翠摸起来相对较凉，但这一点并不能作为判断翡翠优劣的依据。

用手摸翡翠会有凉感，是因为翡翠是热的良导体，会起到传导热量的作用。导热性很强的物品，如金属类，手放上去温度可以很快传到金属别的区域里，不会在局部形成高温区，所以手的温度很快就会下降，冰冷感就是由此产生的。如果是木制品类的东西，由于导热性不强，手上的温度无法快速散发出去，就会在局部形成较高温度，所以让人感觉不是那么冰凉。

当我们用手指触摸翡翠时，手上的热量会迅速地传导到翡翠上，所以手指的温度降低，我们就会感觉到凉意。把翡翠戴上，感到凉快片刻后，翡翠的温度就会与体温相等了。如果再将它暴露到空气中，它也会恢复到最初的状态。

但是材料的导热性还与其结构有关，若存在晶体缺陷、裂纹等瑕疵，热导率会明显下降。所以好的翡翠结构更细腻、瑕疵少，导热也就更快，摸起来更凉。

图 39　触摸翡翠有凉意
忆翡翠供图

40. 何谓翡翠的"翠性"？

翡翠的"翠性"是指在反射光照射下，翡翠表皮或切面上常能看到的很多反光的片状小面，因为这类闪光看起来好似苍蝇的翅膀，所以又被形象地称为"苍蝇翅"或"沙星"。在所有的玉石中，只有翡翠具有这种性质，所以这种性质在行业内被称为"翠性"。

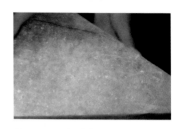

图 40-1　翡翠切面上的"翠性"

翡翠的"翠性"，是翡翠独有的特征，亦是鉴别翡翠的重要标志之一，借此可以与其他相似玉石及仿冒品进行区别。

需要注意的是，翡翠的矿物晶体颗粒越粗大，"翠性"越明显，肉眼可以直接观察到；翡翠晶体颗粒越细腻越不易观察到，通常要利用 10 倍放大镜在翡翠白色团块状"石花"附近才能观察到。冰种和玻璃种翡翠由于质地致密细腻，一般未见"翠性"。

图 40-2　翡翠手镯表面的"翠性"

41. 翡翠也有"皮"吗？还有"雾"？

图 41-1　白砂皮翡翠原石

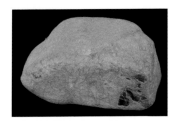

图 41-2　黄砂皮翡翠原石

目前市场上销售的翡翠原石多是采自河床的翡翠砾石，也称仔料。翡翠仔料表面常常有一层风化外壳，是翡翠原石在风化、剥蚀、搬运和沉积等过程中形成的，这层外壳即为翡翠的"皮"；内部未风化的翡翠称为"肉"；皮和肉之间的半风化部分称为"雾"。在加工时，皮因风化松散而没有利用价值，雾的结构尚致密还可一用。在赌石时，皮则是唯一可以判断翡翠质量的依据。

翡翠皮的厚薄主要取决于其风化程度的高低，风化程度越高，皮就越厚，反之就越薄。根据颜色的不同，翡翠的皮可以分为白砂皮、黄砂皮、红砂皮（铁砂皮）、乌砂皮等；根据砂粒的大小，可以分为粗砂、细砂等。行内有"砂粗肉粗，砂细肉

图 41-3　红砂皮翡翠原石，绿丝带供图

图 41-4　乌砂皮翡翠原石

细"的说法，因此根据皮的粗细可判断其内部玉质的粗细。

翡翠的雾能反映翡翠的透明度、净度等，常见的有白、黄、红、黑等颜色。白雾说明内部可能为较纯的硬玉，翡翠的种质好，若白雾之下有绿，则可能出现非常纯净的翠绿；黄雾说明内部含有的铁元素和其他元素正在逐渐氧化，纯净的淡黄色雾表明翡翠的杂质元素较少，可出现高翠，有时也可产生偏蓝绿色；红雾说明内部所含铁元素已完全氧化，翡翠可能出现灰色地；黑雾说明翡翠内部杂质多、透明度差，个别黑雾可表明内部有高翠，但水头很差。

图 41-5　翡翠中的白雾
绿丝带供图

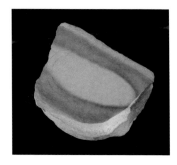

图 41-6　翡翠中的黄雾
绿丝带供图

图 41-7　翡翠中的红雾

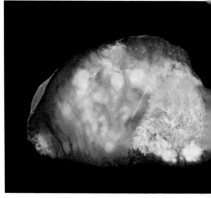

图 41-8　翡翠中的黑雾
绿丝带供图

42. 什么是"松花""蟒带""癣"？

图 42-1　翡翠的"蟒带"

一般情况下，翡翠原石内部存在某种颜色时，其外表皮壳上会以某种特征和迹象表现出来。如当原石的外表出现被内行人士称为"松花""蟒带""癣"等特征时，则意味着在翡翠原石的内部存在绿色。这些外部迹象，是有经验有胆识的翡翠商人赌石的重要依据。

翡翠的"松花"是指翡翠仔料皮壳表面隐约可见的形似干苔藓的色块、斑块和条带状物，是翡翠原料上的绿色部分经风化后逐渐褪色而留下的痕迹。可以根据松花颜色的浓淡、数量和分布形态，推断翡翠内部颜色的变化和分布。一般来说，松花越绿、越集中，翡翠的颜色越好。

翡翠的"蟒带"是指分布在翡翠仔料皮壳表面，呈凸起或下凹的条带，蟒带的形态、走向是判断翡翠原石内部有无颜色

图 42-2　翡翠的"松花"

及颜色分布状态的一种重要依据。一般，凸起的蟒带比周围玉质更细腻、水头更好；下凹的蟒带则相反，比周围的玉质更粗糙，甚至可能伴有裂隙。

翡翠的"癣"是指出现在翡翠原石皮壳上的深灰色、深绿色或黑色斑块。癣的形态主要有块状、脉状和点状等，根据其形态大小，可以大致推测出绿色的有无和多少。块状癣的面积较大，翡翠原料内部出现绿色的可能性较大，所谓"睡癣""膏药癣""软癣"等都属于块状癣。脉状癣是一种长条形癣，不能作为判断内部是否有绿色的依据。点状癣是不规则分布的黑点，可赌性较差。

图 42-3　翡翠的"癣"
绿丝带供图

43. "赌石"怎么赌？

翡翠仔料在开采出来时，有一层风化皮包裹着，无法知道其内的好坏，须切割后方能断定其品种的优劣。赌石便是指交易这种裹着皮的翡翠仔料，仔料也称"毛料"。

翡翠赌石已有千年历史，是在缅甸与云南边境一带极为流行的一种独特的翡翠

图 43-1　广东四会赌石市场

原石交易方式，其浓厚的赌博色彩及较强的刺激性吸引着各方玉商一掷千金，长盛不衰。近年来赌石市场更从中缅边境迅速发展到广东沿海及全国各地，相继涌现出平洲、广州、揭阳、深圳、四会、腾冲、瑞丽等14个知名的翡翠赌石市场。

翡翠原石交易市场上的交易大多为赌石。翡翠仔料外层通常被一层厚薄不均的风化皮壳包裹着，即便在科学技术发达的今天，也没有一种仪器能穿透这层皮壳，看清块体内部翡翠的优劣。买家只能从风化皮壳上的特征以及有限的几个"丌窗"来判断翡翠内部的形貌，以博原石的价值。这层隔绝仔料内部奥秘的皮壳，让人爱恨交加。翡翠原石的真正价值需在交易完成后对仔料进行切割"解石"才能确认，因此赌石风险极大。"一刀穷，一刀富，一刀穿麻布"，不单单是一句赌石人的自嘲，也是赌石结果的真实写照。

图 43-2　云南瑞丽赌石市场

44. 为何会有"神仙难断寸玉""十赌九输"的说法？

翡翠仔料风化皮变化多端的特征与扑朔迷离的纹理走向常常和赌石者玩"捉迷藏"。再富经验的玉商亦难免有马失前蹄"看走眼"的时候，因而行业中有"神仙难断寸玉""玉石无行家""十赌九输"这些流传不衰的行话。

图 44-1　不同风化皮壳的翡翠仔料

对翡翠仔料的准确鉴别，任何人都没有十分的把握。因为绝大部分翡翠原石都被一层风化皮壳包着，即使在强的光源下也很难看清其内部的状况。一块翡翠仔料可能表面看起来很好，表皮有色，在切第一刀时见了绿，但可能切第二刀时绿就没有了。赌石者可能一夜暴富，但绝大部分以失败告终。"赌涨"是赌石市场的一种行话，是指赌石时赌对了，买到了好的翡翠原料。一般来说，在翡翠矿山赌涨的几

图 44-2　切开的仔料

率要高些，离开翡翠矿山的赌石，赌涨的概率只有万分之一。

赌对了即能一夜暴富的投机心理使许多买家一掷千金、奋力一搏，却不知引发了多少因看走眼而倾家荡产的血泪故事。更可怕的是，在巨大利益的驱使下，一些无良者巧用邪思，动用各类高科技手段，用制作出来的假赌石蒙骗消费者，令翡翠原石失去了它的质朴，沦为了欺诈的道具，使得翡翠赌石难上加难，令不少买家蒙受巨大的损失。

翡翠赌石风险极大，我们应怀着理性的态度看待赌石，规避风险，切勿沉迷。

45. 行家怎么看翡翠原石？

在赌石市场上，翡翠行家凭借多年的经验，常常能根据翡翠原石外皮的类型和特点来判断玉料的质量，总结起来主要有以下几种经验和说法。

（1）"砂粗肉粗，砂细肉细"。

砂皮翡翠质量变化较大，通常粗皮翡翠透明度较低，质地粗糙，行话称之为"皮松""土仔""新坑"；细皮翡翠透明度好，质地细腻、坚硬，亦称"皮紧""水仔"或"老坑"。

图 45-1　粗皮翡翠原石

（2）"宁买一线，不买一片"。

当遇到翡翠原石外皮上有一定的绿色隐现时，如有"松花"，看到绿线或绿团，说明内部可能有绿。如果绿色在皮上的分布面积大，就有绿色仅在表皮的可能；如果在仔料对称的皮面上都见有绿线，这条绿带就无疑地穿过仔料。因此有绿线比有绿团好。

图 45-2　有绿线的翡翠原石

（3）"宁买一鼓，不买一脊"。

通常翡翠"蟒带"上的绿色是由绿色硬玉和其他绿色矿物组成，其中绿色硬玉的硬度最大，耐风化。如果是硬玉构成的绿带（俗称"绿硬"），在外皮上呈现稍突出的鼓状，这样的玉料一般较浓艳，质地坚硬紧实；如果绿带由透辉石、钙铁辉石和霓石等矿物构成，在外皮上呈凹的沟或槽（俗称"绿软""沟壑""绿脊"），玉料常常颜色淡且质地较松软。

（4）"黑吃绿"或"绿随黑走"。

翡翠原石皮壳上出现大面积"块状癣"，意味着翡翠原料内部出现绿色的可能性较大；若出现不规则分布的"点状癣"，则可赌性较差。有绿不一定出现黑，但有黑就有可能出现绿。

（5）"宁赌色，不赌绺""一绺折半价"。

翡翠原石外部形状与内部绺裂密切相关，原石的低凹位置往往是绺裂存在的部

图 45-3　有"绿硬"的翡翠原石
陈涛供图

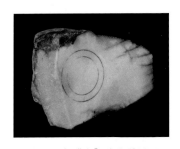

图 45-4 有"癣"的翡翠原石
绿丝带供图

位。大型的绺裂多表现在外部，结构粗糙的翡翠内部易产生小型绺裂。绺裂的颜色有利于判断绺裂的存在和大小，绺裂颜色为白色时，说明原石已基本裂开；呈红、黄、黑时，说明绺裂非常严重；色淡或察觉不到颜色的绺裂则为轻微的合口形裂隙。

图 45-5 外部有绺裂的翡翠原石

46. 翡翠原石上有哪些作假的手法？

为判断玉料的质量，赌石市场上会在仔料皮壳的某些地方开一个或几个大小不等的天窗，用以显示其内部的颜色和质地，这叫"开门子"或"开天窗"。

由于在翡翠原石上作假获利巨大，许多不法商人设法将质量低劣的翡翠或根本不是翡翠的石头，伪造成能开出优质翡翠的仔料让人买走。对于购买者而言，翡翠原料作假难以识别，赌石时一定要慎之又慎。

在翡翠原石上常见的作假手段如下。

（1）染色皮：也称"注色毛料"，将整个仔料带皮染色，染色后再褪色，给人以内部翡翠颜色较好的错觉。可在外皮染色的原石上"开门子"，每个"门子"的颜色几乎相同。仔细观察，可以看到"门子"处的绿色浓且集于裂隙或矿物颗粒间。

图 46-1　注色毛料

（2）假皮：在皮质不太好的仔料、新山料或绿色石英岩玉料外表贴上一层质地细腻的外皮，皮的粗细均匀、颜色均一、光洁度好、无裂纹。用手触碰这类假皮时会感到温热，有胶感，轻敲或烧烫外皮可能会起皱而脱落，刮下碎屑经灼烧会发出刺鼻的味道。

图 46-2　粘皮染色的翡翠原石
王瑞民供图

（3）假"门子"：将一片质色均好的翡翠粘贴在质色均差的翡翠仔料的切口上，或者在没有颜色、质地较差的翡翠原石上切下一薄片，将切下的薄片涂上绿色颜料或植入绿色胶块后，再粘贴回去。然后再在其外部将粉碎的翡翠皮壳混合石英砂用胶黏结，从而掩盖拼接缝。

图 46-3　假"门子"

47. 什么是翡翠的"A货""B货""C货"?

在翡翠的日常交易中，消费者经常听到用"A货""B货""C货""B+C货"来形容翡翠，其实这些称呼是从有无优化处理的角度对翡翠进行的一个分类。

"A货"翡翠指的是未经优化处理过的天然翡翠，这里所说的优化处理并非指切割、雕刻、打磨和抛光等翡翠加工必要的程序，而是指没有经过化学药剂处理，如酸洗、充胶、染色等。

"B货"翡翠指的是用强酸冲洗浸泡并注胶的翡翠，也就是行话所说的"洗过澡"的翡翠。"B货"翡翠一般以质地灰黑而脏、水差，但绿好而色正或色没有很

图 47-1 "A货"翡翠

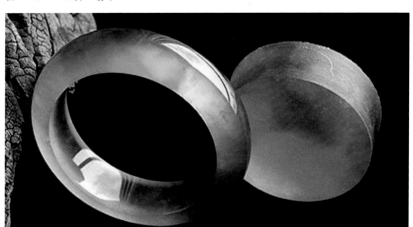

好的翡翠为原料，首先用强酸腐蚀去脏、增水，然后浸入环氧树脂，在高温高压（或真空）条件下把胶压入微细裂隙和孔洞中，最后进行打蜡、抛光，使种、水、色均得到大大的提高。

　　"C货"翡翠指的是染色翡翠（即将无色或浅色翡翠染成绿色、红色或紫色）。目前翡翠市场上的染色翡翠是在酸洗、充胶的基础上再进行的染色，因为经过酸洗过的翡翠内部结构松散，染色剂才能渗透进去，所以染色翡翠几乎都是"B+C货"。染色翡翠的耐久性较差，受到光线的长期照射、酸碱溶液侵蚀或受热均会使原本鲜艳的颜色褪去，甚至变为无色，就连空气的氧化作用对它也有影响。

图 47-2　"B货"翡翠手镯

图 47-3　"B+C货"翡翠手镯

48. 买翡翠如何"避雷"？

图 48-1 翡翠"B货""B+C货"
表面酸蚀网纹

如何鉴别翡翠的"A货""B货""C货"是很多新手朋友想知道的，可从以下几个方面进行鉴别。

（1）观察表面和结构。

"A货"翡翠可具有"翠性"，内部结构致密，表面光滑，光泽较强，反射光下有如同玻璃面的反光。

"B货""B+C货"翡翠受到强酸强碱浸泡腐蚀，产生了连通式的裂隙（即"酸蚀网纹"），之后再进行充填，整个过程有部分物质被带进带出。裂隙处可能会有纵横交错的"沟渠"，在反射光条件下，表面的溶蚀凹坑或蛛网状网纹清晰可见，结构疏松，表面的溶蚀凹坑使光线发生漫反射，光泽变弱。若充填物中带有染剂，

图 48-2 光泽弱的"B+C货"
翡翠手镯

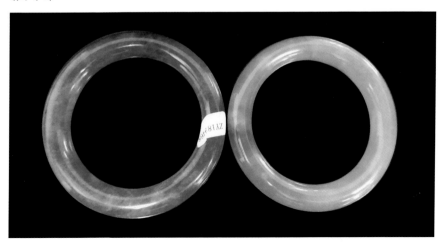

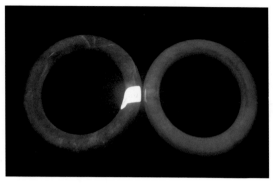

图 48-3 "B+C 货"翡翠 图 48-4 "B+C 货"翡翠的发光性
手镯中染剂呈蛛网纹分布

则打光透射可观察到染剂呈蛛网纹分布。

（2）看颜色。

翡翠"A货"的颜色丰富多样，可有绿色"色根"；翡翠"B货""C货"结构被破坏，颜色沿矿物裂隙浓集，看起来很不自然。

（3）看荧光。

在紫外光下，"A货"翡翠通常无荧光；"B货"和"B+C货"翡翠绝大多数有荧光，发光性各异，荧光分布均匀或呈斑杂状。在紫外光下，表现有黄绿或蓝绿色的弱荧光和黄绿或蓝白色的中至强荧光。

（4）敲击听声音。

此法主要适于翡翠手镯的鉴别。轻轻敲击后，"A货"翡翠的声音清脆，有金属回声，"B货"和"B+C货"的声音沉闷浑浊。

（5）红外光谱检测。

目前，红外光谱检测是对"B货"和"B+C货"最为准确有效的鉴定手段。"B货"翡翠会出现胶的吸收峰；"B+C货"，除了胶的吸收峰外，根据染剂的不同还有可能测出染剂的吸收峰；"A货"翡翠无任何胶和染剂的吸收峰。

49. 如何区分天然红翡与"烧红"翡翠？

天然红翡指的是以红色调为主的翡翠，包括黄红、橙红、褐红、鲜红等色调。红翡的颜色属于次生色，主要出现在翡翠原料的表皮，或者沿裂隙分布，称为"红雾"或者"红皮"。大多数天然红翡玉质较粗、种水较差，以豆种居多，少数能达到糯种，冰种红翡则属极品。"烧红"翡翠也叫"焗色红翡"，指的是带有黄褐色调的低档翡翠经过高温热处理，使黄褐色转变为鲜亮红色的翡翠。

天然红翡和"烧红"翡翠可从以下几个方面判别。

（1）颜色鲜艳程度：天然红翡往往色调灰暗，颜色多变，有层次感；烧红翡翠则呈鲜艳的红色，颜色明亮，比较单一，无层次感。

（2）水润透明程度：天然红翡的透明度和水润度相对"烧红"翡翠来说要略好一些；"烧红"翡翠种干，颗粒感明显，透明度也更差。

（3）颜色界线：天然红翡的红色与其他原生色（白色、绿色或

图 49-1　天然红翡雕件
董春玉供图

图 49-2　"烧红"翡翠原石

紫色）之间，会有一个明显的界线；"烧红"翡翠的颜色则界线不清晰，为渐变过渡关系。

（4）表面光滑程度：天然红翡抛光后表面光滑平整，反光明亮；"烧红"翡翠有细小的干裂纹，光滑度低，光泽弱。

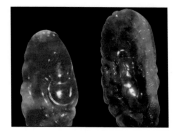

图 49-3 "烧红"翡翠（左）与天然红翡（右）

（5）价格高低：天然红翡与"烧红"翡翠的价格也有很大差异，品质相近的天然红翡价格远远高于"烧红"翡翠。

50. 佩戴酸洗、注胶和染色的翡翠对人体有害吗？

许多消费者以为经人工酸洗漂白、充填、染色工序处理的翡翠会对人体有损害，实则不然。

翡翠中常会存在着一些黑、灰、褐等色的杂质，为了去掉这些瑕疵，人们常用化学的方法漂白。在漂白过程中，用来处理翡翠的试剂并不是所谓的"包含大量剧毒的化学制剂"，而是工业用的浓盐酸。利用强酸将翡翠中的氧化铁等杂质去掉，使它不再表现出难看的棕黑色。为了保证接下来的处理能够正常进行，经酸洗之后的翡翠要用弱碱中和、多次漂洗、烘干，

图 50-1　充完胶还未打磨的
"B 货"和"B+C 货"翡翠

直到完全除去残余的酸，因而酸洗的过程并不会让翡翠带上对人体有害的物质。

去除杂色的同时也破坏了翡翠的结构，造成翡翠颗粒之间出现较多较大的缝隙，所以酸洗漂白的翡翠通常不直接使用，而必须用一些能够起固结作用的有机胶（如树脂）充填于缝隙之间，染剂可与有机物一起注入，这样既固结了翡翠又增强了翡翠的透明度，使翡翠的光泽、颜色、水头等都得到了提高。这些高分子材料对人体也没有什么损害。

染色的过程是将染色剂注入翡翠的缝隙中，使翡翠呈现出理想颜色的方法。最初使用的染色剂是含三价铬离子的无机盐，但因为能用查尔斯滤色镜鉴别出来，所以在 20 世纪八九十年代就已经被淘汰了。现在翡翠染色常用的是各种有机染色剂，例如服装染料。这些染色剂本身或多或少对人体会有影响，但日常生活中脱落并且能被皮肤吸收的剂量十分微小，所以一般也被认为是安全的。

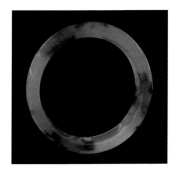

图 50-2　漂白充胶的飘花翡翠手镯

103

51. 经过人工优化处理的翡翠就是"假货"吗？

优化处理和"假货"是两种完全不同的概念。"假货"从根本上就不是翡翠，而优化处理的翡翠虽然不是纯天然的"A货"翡翠，但其材质还是翡翠。

人们所称的翡翠"假货"实际指的是翡翠仿制品，即用于模仿翡翠外观的天然或人工的材料。这些材料不具有翡翠的化学和物理性质，也就是说，其矿物组成和化学成分以及折射率、密度、硬度、发光性等宝石学性质均与翡翠不同，仅外观相似而已。目前市场上常用于模仿翡翠的仿制品有玻璃、染色石英岩等，可被称为"假货"。

图 51-1　玻璃仿翡翠

在宝玉石领域，"优化处理"被定义为除切磨和抛光以外，用于改善珠宝玉石的外观（颜色、净度或特殊光学效应）、耐久性和可用性的所有方法。"优化处理"可进一步划分为"优化"和"处理"两类。"优化"是指传统的、被人们广泛接受的使珠宝玉石潜在的美显示出来的各种改善方法，如热处理翡翠和浸蜡翡翠。浸蜡是某些翡翠切磨后的最后一道工序，对翡翠表面起保护作用，与注胶有本质的区别。"处理"是指非传统的、尚不被人们接受的各种改善方法，如"B货""C货""B+C货"翡翠。在市场上出售翡翠和出具鉴定证书时，属于优化的"烧红"翡翠和"浸蜡"翡翠无须标注，等同于天然翡翠；但属于处理的"B货""C货""B+C货"翡翠，则必须特别标识，如"翡翠（处理）"。

图 51-2　染色石英岩仿翡翠

52. "冰翠"是翡翠吗?

翡翠在中国珠宝市场走俏的同时,大量仿翡翠制品充斥其中。《水浒传》中有李鬼假冒李逵,翡翠市场中也有这么一位自带传奇色彩的"李鬼",它就是冰翠。2014年,一则"2亿元冰翠佛雕险因车祸破坏"的新闻引发世人对冰翠的关注,这价格高昂的冰翠究竟为何物?打着翡翠名号进行销售的冰翠与翡翠又有着怎样的联系?

图 52-1   "冰翠"手镯

单从名字上看,"冰翠"一名就有着极大的迷惑性。很多消费者认为"冰翠"是冰种翡翠的简称,再加上它有着与天然满绿翡翠极为相似的外观,不良商家就"狸猫换太子",消费者却浑然不知。其实,冰翠并不是翡翠,而是一种仿翡翠的玻璃。冰翠通常为翠绿色,玻璃光泽,透明度高,内部很洁净,肉眼观察难见包裹体,但有贝壳状断口,放大仔细观察可见明显的气泡和流动构造等典型的玻璃特征。此外,冰翠的物理性质与翡翠相去甚远,却与玻璃十分吻合。事实证明,冰翠就是用来仿翡翠的玻璃,与普通玻璃所含元素一致,虽然它被卖家冠上"葱岭玉""玻璃玉"的新称呼,但冰翠并不是玉,更不是翡翠。

图 52-2   "冰翠"戒指

53. 市场上常见的翡翠仿制品还有哪些？如何鉴别？

纵观整个翡翠市场，除了"冰翠"，其他仿翡翠制品仍然不胜枚举，不论是有着"准玉"之称的脱玻化玻璃，还是号称"马来玉"的染色石英岩，又或是"最新仿玉高手"合成树脂，甚至有不法商人用云南文山州一带所产的质量较差的祖母绿冒充为翡翠，它们所具有的迷惑性外观都给消费者带来了一定的困扰。

玉器行业早期用于仿翡翠的玻璃制品多为"料器"，即半透明至不透明的普通玻璃。其特点是，绿色半透明，颜色可不均匀，常见旋涡状搅动纹，内部含有大小不等的圆形气泡，肉眼即可辨别。许多祖辈留下的遗物中，绿色仿玉的戒面、帽扣、簪针等大多属于此类。

脱玻化玻璃出现在 20 世纪七八十年代，国外称这种仿玉的玻璃为"依莫利宝石"或"准玉"。肉眼看上去有类似"丝瓜瓤"的绵状物，好似翡翠，但其折射率、密度和硬度与翡翠区别很大，可以根据两者的物理性质不同进行区分。

经过染色处理的石英岩被称为"马来玉"（也有人将脱玻化玻璃归为此类），初看好似优质的翡翠，但仔细观察就能发现，其内部晶体呈粒状，颜色沿颗粒间浓

图 53 a.玻璃仿翡翠挂件；b.脱玻化玻璃手镯；c.颜色沿颗粒间浓集；d.染色石英岩仿翡翠手镯

集，飘浮不自然，无色根。

仿翡翠的绿塑料颜色很呆板，蜡状光泽，放在手上有轻飘飘的感觉。因为硬度低，表面很容易有划痕和磨损。放大观察，内部会有气泡和旋涡纹。

云南文山州一带所产的质量较差的祖母绿，常被不法商人冒充为翡翠出售。放大观察可以看到内部含较多的粒状杂质包裹体或不规则裂隙，无翡翠的变斑晶交织结构和翠性特征。

54. 软玉、岫玉、独山玉……它们也是翡翠吗？

在生活中，有许多玉石有可能被误认为是翡翠，如软玉、岫玉、南非玉、水沫子、东陵玉、玉髓、玛瑙、独山玉、金翠玉、葡萄石等。它们在外观上与翡翠既相似又有差异，消费者掌握了鉴别方法，就可以自如应对翡翠交易，避免上当受骗。

（1）软玉：也称和田玉，在缅甸和云南地区被称为"昆究"。根据颜色不同，可分为白玉、青玉、青白玉、碧玉、黄玉、墨玉和糖玉等。与翡翠相比，软玉矿物颗粒更为细小，外观更为细腻，具有油脂光泽，透明度低。

图 54-1 软玉手镯
Olympe Liu 供图

图 54-2 琇莹玉挂件

109

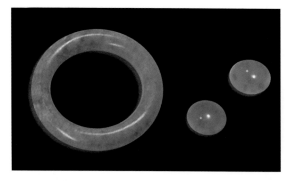

图 54-3　南非玉手镯和戒面

（2）岫玉：属于蛇纹石玉，与翡翠最为相似的是近年新开发的"琇莹玉"，色较浅淡、均匀，内部可有白色絮状物，有玻璃光泽，也可"起莹"。

（3）南非玉：又称为"特兰斯瓦尔玉""不倒翁"，特点是矿物颗粒呈粒状，有较多暗绿色或黑色的斑点，密度高于翡翠。

图 54-4　水沫子挂件

（4）水沫子：为钠长石玉，也称"水沫玉"，通常与翡翠共生，常为无色、白色、灰白色，"白棉"多，可有似翡翠的蓝绿色"飘花"，透明度好，与冰地翡翠极为相似。

（5）东陵玉：属于石英岩玉的一种，多为浅绿色，粒状结构，因含有绿色铬云母，内部可有片状闪光，在滤色镜下变红，有别于翡翠。

图 54-5　东陵玉手镯

图 54-6 玉髓戒面

图 54-7 澳玉吊坠
Olympe Liu 供图

图 54-8 具环带结构的
绿色玛瑙手镯

（6）玉髓：为隐晶质（肉眼看不出矿物颗粒感）石英质玉石，颜色多样，其中的无色玉髓与无色冰种或玻璃种翡翠非常相似，另一种较常见的含镍元素的绿色玉髓（市场上称为"澳玉"）与翡翠也非常相似，其颜色均匀，具有典型的苹果绿色，带蜡状光泽。

（7）玛瑙：绿玛瑙，其环带结构可与翡翠相区别，需要说明的是，绿玛瑙的绿色多为染色而成。

（8）独山玉：是一种黝帘石化的斜长岩，颜色斑杂，以不均匀的白、绿色为主，且颜色偏蓝偏灰，不够鲜艳，透明度低。

图 54-9　独山玉挂件
沈罕供图

图 54-10　金翠玉首饰

图 54-11　金翠玉戒指

图 54-12　葡萄石戒指
Olympe Liu 供图

（9）金翠玉：属符山石玉，又称"加州玉"，主要为黄绿和绿色，与翡翠最为相似，其硬度和密度与翡翠相同，但折射率高于翡翠。

（10）葡萄石：颜色多样，最常见的为绿色，可有白、灰、浅绿、黄、红等色调，具放射状纤维结构。

在以上与翡翠相似的玉石中，除了金翠玉和南非玉外的品种，折射率和密度均低于翡翠，与翡翠相比，它们的光泽偏弱且手感偏轻，可以据此进行鉴别。

55. "合成翡翠"会出现在市场上吗？

在科学技术日趋发达的今天，许多材料都能通过人为的工艺方法和手段进行合成，因此有的消费者担心，在珠宝市场中会有合成翡翠出现。目前的市场调查数据显示，尽管珠宝市场上存在着不少以假充真的翡翠赝品，但至今在国内的珠宝市场上，还没有发现合成翡翠的存在。

图 55　合成翡翠戒面

1985 年，美国通用电气公司（GE）宣布人工合成翡翠实验获得成功。这种在高压下加热结晶的产物，其颜色外表与天然翡翠极为相似，可制造出的最大翡翠玉块直径为 1.25cm，厚为 0.3cm。2005 年，GE 公司申请合成翡翠专利，该合成翡翠颜色翠绿，透明度高，结晶度好，可与自然界中少见的高档翡翠相媲美，肉眼几乎分辨不出其与天然翡翠的差别，只能使用大型仪器鉴定方能区分开来。

但合成翡翠并没有流入消费市场，主要是因为合成翡翠的成本太高，用途有限，难以批量生产。再者，缅甸中低档翡翠的蕴藏量仍然十分丰富。近年来，缅甸对翡翠的开采，已改变为较大规模的机械化开采，原料产量大增，中低档翡价格有所下降。可以预言，至少目前和今后相当长的时间内，市场中不会出现合成翡翠。

56. 选购翡翠时应当注意些什么？

市场上的翡翠品种繁多，但并非所有的翡翠都具有收藏价值，加之各种处理的翡翠在市场上屡见不鲜，因此消费者在选购时一定要擦亮眼睛，运用珠宝知识正确判断、谨慎选择，才能买到物有所值的翡翠。选购翡翠时需要注意以下几个方面。

（1）根据自己的需求正确选购翡翠饰品。

以投资收藏翡翠为目的的消费者，应遵循宁缺毋滥的原则，以 A 货为首选。参照翡翠的颜色、透明度、质地、净度、加工工艺和重量大小等评价因素，选购时在合理价位内尽量以品质优良的 A 货翡翠为首选。如果消费者仅仅为了装饰效果，购买优化处理翡翠或品质较低的翡翠亦可。通常优质的翡翠手镯和戒指的价位较高，这是因为翡翠原料在开料前首先要考虑能否开出手镯和戒面，它们是整块玉料的精华部分。挑选投资收藏的饰品，要注意是否存在种水不好、颜色差、绺裂等缺陷。

挂件、手把件和摆件大多数都是雕刻产

图 56-1　市场上琳琅满目的翡翠饰品

品，通常翡翠雕工越复杂越容易有纹裂。选购摆件与手把件时，多注重其整体意境是否优美，整体雕工是否精美，通常对纹裂的要求不高。

（2）应在明亮的自然光下观察翡翠的颜色。

晴天自然光线充足的室外是观察翡翠颜色的首选环境。俗话说"月下美人灯下玉"，灯光下观察翡翠的颜色不够真实。翡翠有着"色差一等，价差十倍"的说法，实际上高档翡翠色差一等，价差不止十倍。

（3）观察翡翠的种水要注意成品的厚度。

通常成品太薄的情况下，透明度会显得很高，因此消费者要正确判断，勿将很薄的"冰种"翡翠当成了"玻璃种"翡翠。

（4）普通消费者尽量不要参与翡翠的赌石。

建议喜欢翡翠原石的朋友购买明料，可将风险降至最低。

图 56-2　引人注目的翡翠饰品

57. 无色的翡翠没有价值吗？

图 57-1 无色翡翠饰品
胡新红供图

俗话说"萝卜青菜各有所爱"，在翡翠鉴赏中也是如此。每个人喜好的颜色不尽相同，对最好颜色的理解也有所不同。

翡翠以绿为贵，除了绿色外，还有紫色、红色、黄色、黑色等。很多人都认为，色彩艳丽的翡翠比无色翡翠值钱。过去很长一段时间，无色翡翠的确是无人问津的，尽管它们中很多都有着非常好的种水。然而近些年，颜色优质的翡翠越来越少，品质参差不齐。这时候人们发现，无色翡翠，尤其是达到玻璃种和冰种的无色翡翠，虽不具备艳丽的颜色，但恰恰这一点能更好地凸显种水，质优者还会有"起莹"现象，更能体现出翡翠晶莹剔透的美感，因此无色翡翠有了纯洁的文化内涵和象征意义，开始在市场受到热捧，甚至少数价格已经超过红色、黄色和黑色翡翠了。

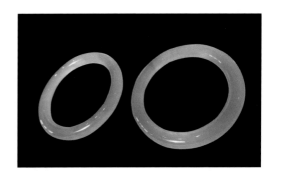

图 57-2 无色翡翠手镯

无色翡翠中以质地细腻、净度好、透明度高、光泽强的冰种与玻璃种为上品，若兼具"起莹""起胶"，或"刚性"十足，则具有一定的收藏价值；而杂质和裂隙较多的半透明无色翡翠价值较低。

58. 如何解读翡翠鉴定证书？

消费者在购买翡翠时，为了保真常常会请商家出具鉴定证书，解读证书也是有一定技巧的。

第一，检查证书上面是否有"CMA""CAL""CNAL"标志。CMA是检测机构计量认证合格的标志，具有此标志的机构为合法的检验机构；CAL是经国家质量审查认可的检测、检验机构的标志，具有此标志的机构有资格作出仲裁检验结论；CNAL是国家级实验室的标志。小心提防市面上那些没有资质的小作坊批量生产的证书。

第二，检查证书的真伪。检查证书上是否有鉴定机构的钢印、二维码、电话号码、防伪标志和证书编号，通过这些基本信息，可以查询证书的真伪，登录检测机构网站，查询鉴定结果。

第三，检查证书上的受检样品照片与实际样品是否一致。套牌证书防不胜防，如果实物和证书上的照片相差甚远，则当谨慎。

第四，检查证书的鉴定结果。如果是天然翡翠"A货"，会在证书鉴定结果一项标明"翡翠"或"翡翠××（饰品名称）"；如果是翡翠"B货""C货""B+C货"，会标明"翡翠（处理）"；若是翡翠仿制品，在鉴定证书结果一项中，不会出现"翡翠"字样，会标明仿制材料的名称，如"玻璃""染色石英岩"等。

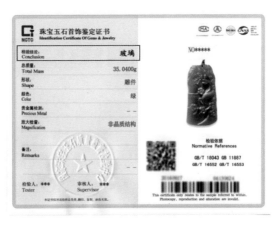

图 58　鉴定证书解读

119

59. 翡翠行话"五不买，三不选"指的是什么？

挑翡翠，行业中有"五不买，三不选"之说，你知道吗？

在翡翠市场中进行交易，想买到货真价实、性价比高的翡翠，必须掌握一些翡翠小常识，这样才可以避免"踩坑"。

所谓"五不买"包括以下几点。

（1）料子太薄不买，比如广片、铁龙生薄片等，特别薄的翡翠价值不高。

（2）有疑虑的不买，比如看光泽、颜色都怪怪的，不自然，心中有疑虑时最好不下手。

（3）杂且乱不买，翡翠有杂质是正常的，但是如果一块翡翠上有裂、黑斑等多种杂质共存时，价值偏低，不值得买。

（4）奇形怪状的不买，为了避裂避脏，有的翡翠被雕刻得"四不像"，工太差，不建议买。

（5）景区玉石不买，劣质、假货、"宰客"，这些几乎成了旅游景区商圈的代名词，须防止冲动消费。

所谓"三不选"是指以下几点。

（1）有色无种不选，比如干青。

（2）种水不佳者不选，比如瓷地。

（3）"B货""C货"不选，价格再低，那也是经过处理的翡翠。

图 59　价格便宜的"B货"手镯

"五不买，三不选"主要是针对想购买保值或收藏级翡翠的人士而言的，若囊中羞涩的人士也想拥有一块翡翠，则宜选择中低档或价格相对便宜且外观看起来"种""水""色"还不错的"B货"翡翠，不同档次的翡翠适宜不同阶层的群体，可以扩大翡翠的应用范围，只要商家据实相告、不以次充好、诚实经营即可。

60. 到缅甸买翡翠一定比其他地方买更便宜吗？

图 60-1 缅甸翡翠原石切割

图 60-2 缅甸翡翠原石加工

翡翠原石主要产地在缅甸，所以业内也把翡翠叫作缅甸玉。缅甸联邦北部的密支那地区翡翠矿床储量最大，很早就开采宝石级翡翠销往世界各地。许多消费者也因此会产生去缅甸购买翡翠的想法，认为原产地购买必保真且便宜。其实这样的想法是片面的，业内人士赴缅甸购买翡翠原料（多为竞拍"公盘"）是可以的，但普通消费者前往缅甸购买翡翠多有风险，应慎重。

首先，缅甸翡翠的加工工艺并不成熟，成品的设计略显粗糙，加工水平较低。缅甸翡翠市场多数情况是先把翡翠原料运往中国进行加工，做成成品后再运回缅甸销

图 60-3　缅甸仰光翡翠成品市场

图 60-4　广东翡翠成品市场

售。这样的过程无形中增加了人力物力成本，并且缅甸翡翠成品市场的数量也有限。其次，缅甸有不少商家对翡翠进行酸洗、充填、染色处理，并引导消费者购买处理过的翡翠，甚至翡翠仿制品。因此，在原产地购买的翡翠不一定是天然未经处理的。再者，缅甸赌石行业发达，一些无良商家利用各类手段，制作出假仔料蒙骗消费者，不知引发了多少消费者因看走眼而倾家荡产的惨事。对于消费者来说，在中国境内购买翡翠成品更为方便，如我国云南省有多个大型的翡翠批发地和成品市场，广东省更是重要的翡翠加工地和集散地，翡翠商户达数千家，不同档次的翡翠成品应有尽有。

61. 什么是翡翠"公盘"?

翡翠"公盘"指的是翡翠原石的交易，是一种较独特的翡翠竞价拍卖方式。翡翠大多出产于缅甸，因此公盘也是由缅甸开始的，成为缅甸一年一度的盛大活动。翡翠"公盘"由缅甸中央政府矿产部直接管辖，组委会为常设办事机构。20世纪60年代初，缅甸政府为堵塞税款流失，将所有的翡翠矿产资源收归国有，以获得更多的外汇收入。1964年3月，缅甸开始举办翡翠玉石原料公盘。法律规定，只有在翡翠公盘中拍卖获得的翡翠原石才可以合法出境，其他渠道均属走私。国内也有翡

图 61-1 翡翠公盘现场
於晓晋供图

翠公盘，多在云南和广东两省举行。各个公盘规模有所不同，当然规模最大、历史最悠久的公盘非缅甸公盘莫属。

公盘大致流程是，卖方把准备交易的翡翠原石放在固定的市场进行公示，让业内人士根据材料的质地及市场情况，评判出市场公认的最低价，标为底价。然后让买方在现场看货，之后可以在底价基础上采用明标和暗标两种方式进行竞买。

暗标是竞买商在组委会核发给他们的竞标单上填写好姓名、编号、竞买物品的编号及竞买价格后投入标箱内，揭标时工作人员按竞买物编号公开宣布中标人和竞买价。因竞买商们不知道彼此的竞买物和竞买价，故称之为"暗标"，暗标具有一定的风险性，有可能花较高的价格购入品质一般的原料。即使这样，每次公盘的翡翠玉石原料，暗标卖出的翡翠原石依旧占4/5 以上。明标是现场拍卖，和拍卖会流程一致，竞买商全部集中在交易大厅，由工作人员公布竞买物编号，竞买商现场进行轮番投标，最后价高者得。

图 61-2　公盘现场看货
绿丝带供图

图 61-3　投标现场
绿丝带供图

翡翠如何戴？

——翡翠的佩戴、保养之问

62. 为什么翡翠戒面尺寸虽小但价格不菲？翡翠戒面有哪些常见琢型？

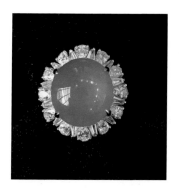

图 62-1　圆形蛋面翡翠戒指
忆翡翠供图

翡翠戒面是用于设计镶嵌翡翠戒指、项饰、耳饰等诸多首饰的主石，绝大多数被加工成弧面，所以在业内俗称"蛋面"。在业界，通常一块翡翠原石上品质最好的部位会被首选加工成翡翠戒面。有时候"赌涨"了，原石加工出的几个戒面价格甚至能超过原石本身，这也是戒面虽小价值却高的缘故。翡翠戒面通常是整块原石的精华部分，因此加工师傅会在满足加工尺寸和比例的基础上，最大限度地保留翡翠戒面的重量，所以翡翠戒面的琢型会多种多样，最常见的琢型为圆形和椭圆形，此外还有水滴形、马眼形、方形、马鞍形和随形等。

圆形：圆形蛋面是最常见的翡翠弧面琢型，镶嵌时与钻石和铂金搭配，能够充分显示翡翠的美艳。

椭圆形：椭圆形蛋面也是一种比较常见的翡翠弧面琢型，镶嵌时配以钻石和铂金，如玻璃般的光泽与钻石的火彩相映生辉，刚柔并济，夺人眼球。

水滴形：水滴形蛋面也是一种比较常见的翡翠弧面琢型，常设计镶嵌成项坠或耳坠，颇受女性消费者的青睐。

马眼形：马眼形蛋面就像一只水亮的马眼睛，其镶嵌效果可以同椭圆形蛋面媲美。

图 62-2　椭圆形蛋面翡翠套装首饰，胡新红供图

图 62-3　水滴形翡翠耳饰

图 62-4　马眼形翡翠戒指，冯秋桂供图

方形：多为正方形、长方形或梯形刻面型，这类琢型的翡翠首饰通常镶嵌简洁，以突出翡翠块体尺寸的优势。

马鞍形：为弧面琢型，形似马鞍，边无棱角，马鞍形戒指多为男性佩戴。

随形：该类型多为保留重量而切磨成的对称或不对称形状。

图 62-5　长方形翡翠戒指
冯秋桂供图

图 62-6　长方形翡翠吊坠
冯秋桂供图

图 62-7　马鞍形翡翠戒指
忆翡翠供图

图 62-8　随形翡翠吊坠
冯秋桂供图

63. 佩戴翡翠戒指有哪些讲究？

现代翡翠戒指造型多样，佩戴方式也各具特色，不同造型、不同佩戴位置也有着不同的含义，翡翠戒指要佩戴得当，方能体现出佩戴者的气质和情趣。

不同形状的翡翠镶嵌戒指有着不同的寓意，通常方形戒指象征公正无私、一往情深；圆形戒指象征圆满如意、健康长寿；马鞍形戒指象征智慧探索、平安通顺、一往无前；随形戒指象征充满自信、大胆幽默，多为积极乐观、性格随意之人佩戴。

无镶嵌的素身戒指包括扳指、马鞍戒和圆鞍戒。其中扳指在古代是用来保护拉弦手指的套管，意为百发百中、出师必胜，而后慢慢转变为身份地位的象征。在现代仍有很多人偏爱扳指，形体高大、气

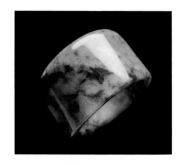

图 63-1　翠扳指

图 63-2　马鞍戒

图 63-3　圆鞍戒

质彪悍的人佩戴扳指会有一种古朴庄重的美感。清朝时人们佩戴马鞍戒意在缅怀英雄，而现代人将成对的马鞍戒做情侣戒使用，一般佩戴于无名指上。圆鞍戒寓意圆满平安，人人均可佩戴，直率的性情中人最宜佩戴。

翡翠戒指佩戴的位置不同，其含义亦不同：戴在大拇指上，表示尊贵和高傲、寻觅与探索；戴在食指上，表示正在寻找配偶；戴在中指上，表示恋爱有主，已订婚；戴在无名指上，表示已结婚，有家庭；戴在小拇指上，表示单身，不求异性。

翡翠戒指不宜随意乱戴，每一款翡翠戒指、每一个佩戴位置都有它独特的含义，这是一种讯号和标志，更是一种沉默的语言，以它的专属方式传递着各种信息。消费者在佩戴时要认真选择，不能强求划一。

图 63-4　不同款式的翡翠戒指
冯秋桂供图

64. 翡翠耳饰怎么搭?

翡翠耳饰一般由贵金属镶嵌翡翠设计制作而成，款式多见耳钉和耳坠两种，佩戴在女性的耳畔，美观又大气。然而，佩戴翡翠耳饰也是有讲究的，不同肤色、不同脸型的人适合佩戴的款式也不同。

佩戴翡翠耳饰要注意结合自身的肤色，色彩应与肤色相衬，如果是肤色暗沉的女士可以选择颜色柔和、有质感的翡翠耳饰；如果是皮肤白皙的女士则可选择佩戴色彩浓郁的翡翠耳饰，这样更能衬托出肤色的光彩。

佩戴翡翠耳饰还要考虑自己的脸型，通常不要佩戴和脸型相似的翡翠耳坠，防止脸部的缺点被夸大。比如，圆脸的女士可以佩戴长款的翡翠耳坠，让脸部显得更加秀美；长脸的女士可以选择佩戴圆形的翡翠耳坠，让脸部看上去丰满动人；方形

图 64-1　翡翠耳钉
Olympe Liu 供图

图 64-2　翡翠耳饰

脸的女士可以佩戴圆形、椭圆形或水滴形的翡翠耳坠，让脸部显得柔和温馨。

除耳坠外，翡翠耳钉也典雅而不失时尚，美艳而不失气度。圆脸的女士适合佩戴小且透明度高的翡翠耳钉，亮眼但是不占太多空间，不会增加脸部宽度；长脸的女士装饰时应注意适当增加脸部横中线的视觉宽度，选择面积稍大而夺目的镶钻翡翠耳钉，可增加脸部的圆润感；瓜子脸的女士需要从视觉上增大下颚的宽度，最好配搭立体的花式耳钉，看起来会更有气质。

65. 翡翠项链怎么搭？

2014 年 4 月 7 日，香港苏富比拍卖行兴奋地宣布，芭芭拉·赫顿（Barbara Hutton）旧藏的一条天然翡翠珠链拍出 2.14 亿港元天价，刷新了翡翠首饰的拍卖纪录，自此最贵翡翠首饰诞生了。

翡翠项链通常包括翡翠珠链和翡翠链牌，其中翡翠链牌常为镶嵌翡翠的项饰。品质优良的翡翠项链象征着幸福、富足与高贵，最适合成熟女性佩戴。无论是珠链还是链牌，长短粗细均有规制。长项链不能过下腹，短项链不能过胸，不能小于脖

颈。珠径大小通常在0.4cm～2cm范围内，过大显得粗笨，过小则不中看，适度和得体至关重要。

与翡翠项链相关的着装搭配需因人而异，可依据年龄、体形、胖瘦、肤色、职业、气质等进行个性化的选择，同时也要关注季节与气候、周边环境、服装款式与类型的协调度等。例如，墨绿色翡翠项链可搭配露肩的粉红色或黄色薄纱裳，因墨绿色具有协调性，能突出粉红色或黄色的艳丽，最忌与海蓝色、暗绿色、褐色等颜色的服饰相配；无色翡翠项链给人清爽洁净的感觉，与深色服装搭配能形成鲜明对比，华丽而朴实，轻快中带有庄重，切记不宜与浅色服装搭配；紫色翡翠项链配色比较广泛，着装可以是银灰色、白色、淡蓝色等；与绿色翡翠项链相配的着装色，

图 65-2　无色翡翠珠链
胡新红供图

应首选白色及黑色，其次是灰褐色、棕灰
色、草青色、橄榄色，无论是盛夏还是隆
冬，绿色翡翠项链与这些颜色相配，皆能
给人恬静、舒适、亲和与均衡的感觉；红
色翡翠项链比较适合自信的中老年女性佩
戴，着装可选黑色和灰色，最相配的是浅
淡的绿色，华丽而端庄。

图 65-3　绿色翡翠链牌
玉祥源·张蕾供图

66. 翡翠胸坠怎么搭?

4万年前,我国的山顶洞人狩猎后,把野兽的牙齿挂在自己的胸口上,以显示自己的勇敢无畏,祈求神灵的保佑。胸前挂兽牙的行为经过漫长岁月的变迁,由图腾崇拜演绎成了后人装饰自己的行为。从原始到文明,从粗糙到精细,从骨质材料到黄金白银再到珠宝玉石,体现了胸坠实用和审美的双重价值。胸坠也称"项坠""吊坠""挂件",形制多样,发展到今天,无论是材质、图案,还是做工都美观精致。翡翠胸坠千千万万的款式中,传统样式永不过时,沿袭传统的翡翠平安扣、翡翠路路通以及翡翠花牌如今仍占有大半个翡翠胸坠市场,款式简约大气,深受消费者喜爱。平安扣形似古时铜钱,寓意圆滑变通;路路通取玉管之外观,寓意路路通畅、四平八稳;翡翠花牌款式多样、雕琢细致,寓意吉祥。爱好翡翠的朋友佩戴一件得体的翡翠胸坠,不仅能为佩戴者的优美体态锦上添花,更能彰显其非凡气质。

佩戴翡翠胸坠的方式因人而异,有明戴和暗戴两种方式。明戴显示的是自信、满足和娇美,暗戴表现的是含蓄美和谦虚美。身形单瘦的人,佩戴大小适中的翡翠项坠,会感到充实;丰满的人佩戴翡翠

图 66-1 翡翠平安扣
忆翡翠供图

图 66-2 翡翠花牌、忆翡翠供图

图 66-3 翡翠路路通，李丽供图

项坠，吊链不宜太短，可以适当放长一些，冲淡宽厚的体形。

　　未镶嵌的翡翠胸坠多打孔穿绳佩戴，若用贵金属配以钻石或彩宝进行镶嵌的翡翠胸坠则多使用贵金属项链进行佩戴。也有人喜欢将翡翠胸坠与不同材质的珠串项链相结合佩戴，若项链珠径一致，胸坠可偏大；项链若为"塔链"（项链珠径渐变，中间大，两端小），则胸坠不能过大，但也不能过小。另外，珠链与胸坠佩戴在衣服外面时要注意领型：高领领型，珠链可短也可偏长一些；宽边领型，珠链可长而不可短。

图 66-4　镶嵌翡翠胸坠的佩戴

图 66-5　镶嵌翡翠胸坠与珠串搭配

图 66-6　翡翠胸坠与珍珠项链搭配
玉祥源·张蕾供图

67. 福镯、平安镯、贵妃镯……
翡翠手镯竟有这么多款式？

图 67-1　设计加工成手镯的翡翠原石

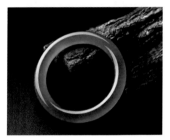

图 67-2　翡翠福镯
胡新红供图

翡翠手镯是翡翠可佩戴饰品中体量最大、最受女性欢迎的翡翠首饰品种。通常翡翠原石解开后，除了选择戒面料外，还有便是设计看看能出多少只手镯，以此来确定该原石的大致价值。翡翠手镯的款式多种多样，恰到好处的设计加工才能将翡翠的自然美发挥到极致。市场上的翡翠手镯主要分为福镯、平安镯、贵妃镯、平和镯、工镯、镶金镯等。

（1）福镯：内圈圆，外圈圆，条杆圆，所以又称圆条镯。圆条镯圆润饱满，讲究精圆厚条，庄重正气。

图 67-3　翡翠平安镯
冯秋桂供图

（2）平安镯：市场上最常见的一种手镯，内圈圆，外圈圆，条杆从弓形到半圆不等。因为内圈磨平，所以也叫扁口镯。平安镯内圈贴腕，戴起来比较舒服。

（3）贵妃镯：即椭圆镯，内圈扁圆，外圈扁圆，条杆从弓形到圆形不等。相传杨贵妃十分喜爱椭圆手镯，后人便称这类镯为贵妃镯。

（4）平和镯：也称方条镯，内圈圆，外圈圆，条杆为矩形，由侧边两个圆形平面和里外两个圆圈的平滑面组合而成，故取与"合"同音的"和"，命名为"平和镯"，也有人称之为"公主镯"。

图 67-4 翡翠贵妃镯，冯秋桂供图

图 67-5 满绿翡翠平和镯
胡新红供图

图 67-6 福寿如意纹翡翠工镯

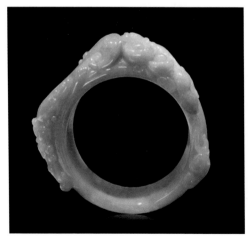

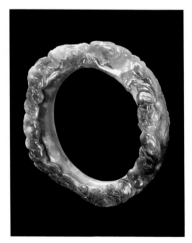

图 67-7　翡翠绞丝镯

（5）工镯：指的是被雕刻过的、带有工艺的翡翠手镯。这种款式的翡翠手镯通常是为了遮掩小瑕疵，选取俏色，因此形制和颜色变化多样，一般内圈不上工，或扁或圆也没有定规。市场上少见的绞丝镯（亦称"麻花镯"）也属工镯的一种。

（6）镶金手镯：是将多个翡翠戒面或小型雕件用贵金属镶嵌而成的手镯。根据翡翠的大小，手镯可宽可窄、可厚可薄。

图 67-8　镶金翡翠手镯

图 68-1 佩戴翡翠福镯绿丝带供图

68. 不同类型的翡翠手镯有何寓意？适合哪些人佩戴？

翡翠手镯具有东方女性特有的气质，一直是广大女性喜爱的饰品。不同类型的翡翠手镯蕴含着不同的美好寓意，并适宜不同的人群佩戴。

福镯流传已久，极为经典，三圆合一，象征天人合一，寓意人生圆满，适合所有人群佩戴，颇有古典优雅之韵味。

平安镯虽出现的时间较晚，但省工省料，佩戴时舒适度好，且有平安顺意、家

图 68-2 佩戴翡翠平安镯绿丝带供图

图 68-3　佩戴翡翠贵妃镯
绿丝带供图

庭和睦团圆之意，适合任何年龄的人群佩戴，可根据个人喜好选择厚款或薄款。

贵妃镯外圆内扁，灵巧秀美，因其形状与人手腕相吻合，所以佩戴起来更服帖舒适。贵妃镯适合身形小巧的女性佩戴，突显手的纤细美丽，别具妩媚风格。

平和镯，即方条镯，是近年来逐渐被人们喜爱的一种新款式，最省工且出成率高。方条镯由四个简洁平面围成环状，横切面为长方形，框口为正圆形，既有西方由简洁平面组成的立体感风格，又切合了中国传统文化"天圆地方"的理念，戴在手上显得人平和，寓意做事四平八稳、不卑不亢。

各式工镯通常利用俏色雕刻出各种有吉祥寓意的造型，每件作品不仅美观而且寓意好，如龙凤抢珠、连年有余（莲叶鲤

图 68-4　翡翠工镯《连年有余》

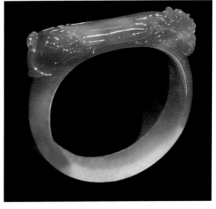

图 68-5　翡翠工镯《龙凤抢珠》

鱼）、福在眼前（蝙蝠或蝴蝶和铜钱）、玉堂富贵（海棠牡丹）等。工镯的立体感较强，佩戴者多为事业有成的成熟女性。

在中国传统文化中，金和玉象征高贵与纯洁，一如诗仙李白所赞的"金樽清酒斗十千，玉盘珍羞直万钱"。镶金翡翠手镯提升了翡翠的价值，象征"金玉良缘"，预示着有情人终成眷属，堪称尊贵吉祥与超凡脱俗的完美结合，适宜一切与翡翠有缘的人士佩戴。

此外，还有一种编绳翡翠手镯，将半月形的翡翠雕件与中国传统绳结艺术相结合，更突显出东方艺术之风采。

图 68-6　佩戴镶金翡翠手镯

图 68-7　佩戴镶金翡翠手镯绿丝带供图

图 68-8　编绳翡翠手镯

69. 翡翠胸针怎么搭？

不知何时，佩戴翡翠饰品已然成为一种生活态度。国人爱低调，而翡翠恰恰优雅不张扬，以翡翠饰之，高贵雅致之感便扑面而来。翡翠项链、耳饰等越发常见，因此设计师们努力找寻新的灵感，将翡翠应用到更多首饰类别中，于是翡翠胸针开始走进珠宝市场。

目前，翡翠胸针的款式造型并不多，大致可分为植物花草类、动物类、几何类以及一些传统形制类。植物花草类翡翠胸针以竹节、牡丹、玫瑰、荷叶等造型为主，不同造型含义不同，这类胸针充满活力、春意融融、生机盎然；动物类翡翠胸针常有蝴蝶、蜻蜓、天鹅、孔雀等造型，此类胸针生动传神、栩栩如生，洋溢着青春气息；几何类胸针以圆形和方形居多，设计既可简洁大方，也可繁复华丽，个性时尚又不失贵气；传统形制类翡翠胸针以如意造型为代表，这类胸针大多有着吉祥寓意，古典气息浓厚。

翡翠胸针的美不言而喻，佩戴合适的翡翠胸针既能突显个人修养，又能体现身份品位，因此，翡翠胸针的佩戴有一定的讲究。从服饰搭配上看，浅色衣服搭浅色翡翠胸针，深色衣服搭颜色浓郁的

图 69-1　翡翠蝴蝶胸针

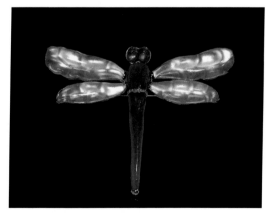

图 69-2　翡翠蜻蜓胸针

图 69-3 翡翠花篮胸针

翡翠胸针；穿衬衫、羊毛衫等衣物时，可佩戴一些小巧玲珑、新颖别致的翡翠胸针；着正装选择带有硬质金属外壳的较大翡翠胸针；穿礼服出席重要场合时，则选择尽可能高档的翡翠胸针。从性别和年龄上看，男性和女性的佩戴也有着不同的讲究。女性佩戴胸针的位置不受拘束，可随意发挥。少女戴小巧别致的翡翠胸针为佳；中年女性则不受约束，可随心选择；老年女性最

图 69-4 长方形翡翠胸针

图 69-5　翠竹胸针

图 69-6　翡翠蝴蝶胸针的佩戴效果
绿丝带供图

好佩戴深色、带宝石镶嵌的翡翠胸针。男性穿带领的衣服时胸针要戴在左侧，不带领的则佩右侧；发型偏左，胸针在右，反之在左。佩戴翡翠胸针是一门学问，选择合适的胸针才能将个人魅力发挥到极致。

翡翠胸针是一件特别的珠宝首饰，它不曾缠绕你的玉腕，也从未抚摸你的脖颈，甚至没有一丝一毫接触你的肌肤，却在不经意间道出你的品位，透出你的魅力。

145

70. 翡翠手串、手链怎么搭?

翡翠明珠帐,鸳鸯白玉堂。翡翠是一个经久不衰的话题,翡翠项链高贵优雅,翡翠戒指沉稳大气,翡翠手镯古朴典雅,而翡翠手串和翡翠手链则灵动精致。近些年来,翡翠手串、手链受到越来越多消费者的欢迎,一串一链,一股柔情伏于皓腕。

图 70-1 翡翠手串

翡翠手串是翡翠市场中常见饰品之一,也是翡翠首饰中不张扬的饰品,串珠圆润有光泽,极具雍容华贵、沉静高雅之感。翡翠手串源于佛珠,因此,传统的翡翠手串大多保持着 18 颗的穿系习惯,又名"十八子",代表"六根""六尘""六识",取多子多福、人丁兴旺之意。翠珠数量不同,所代表的寓意也有所差异:8颗代表八种美德,13 颗寓意功德圆满,14 颗暗示善良宽厚,27 颗寓意天长地久,36 颗寓意六六大顺,48 颗祈求四平八稳。在翡翠手串的佩戴方面,佛教认为左手为净手,且中国以左为尊,认为左手可纳福,

图 70-2 不同类型的翡翠手串
张毓洪供图

图 70-3 翠十八子手串

146

图 70-4　晴水翡翠珠串
项链、手串两用

因此翡翠手串佩戴于左手为佳。

如果说翡翠手串典雅精致，那么翡翠手链则更加灵动时尚。手链是一种低调的配饰，且风格多变，毫不突兀。翡翠手链在市场中最常见的款式为镶嵌式手链，将翡翠配以钻石镶嵌在金、银等贵金属手链上，新颖别致，风雅有韵，深受追求时尚潮流的年轻人喜爱。

纤纤玉腕，肌肤胜雪，一串一链在手与臂间游弋。手串典雅，手链灵动，翡翠手串与翡翠手链各有优势，都在翡翠市场中占有一席之地。翡翠手串、手链，以粉黛洗去铅华的自然之美，以温润衬托腕间的种种风情。

图 70-5　翡翠手链
玉祥源·张蕾供图

图 70-6　翡翠手链

147

71. 不同年龄段的人群该怎么佩戴不同的翡翠饰品?

翡翠作为高档玉石,其饰品非常讲究寓意。纵观翡翠饰品的发展历程,古往今来沿袭中国传统文化的习俗,人们向往美好生活,祈求幸福安康,所以观音、佛、平安扣和如意等题材的翡翠饰品几乎适用于所有年龄段的人群佩戴,只是其大小、颜色和种质依据个人喜好略有不同而已。然而,佩戴者的年龄不同,佩戴翡翠饰品的气质和感觉也会有所不同,因此有一些翡翠饰品专属于不同年龄阶段的群体,使得不同年龄段适合佩戴的翡翠饰品题材、款式也不尽相同。

(1)学前儿童:首选寓意健康平安的款式,饰品类型以挂件为主,比如传统的翡翠

图 71-1 适合学前儿童佩戴的翡翠平安扣

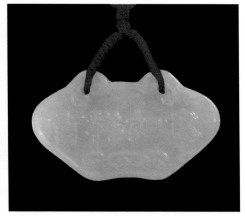

图 71-2 适合学前儿童佩戴的翡翠长命锁
冯秋桂供图

图 71-3　适合年少学子佩戴的
翡翠竹节，冯秋桂供图

图 71-4　适合年少学子佩戴的翡翠福豆
胡新红供图

图 71-5　适合年少学子佩戴的翡翠蝉，胡新红供图

平安扣、翡翠福瓜、翡翠长命锁等，也可根据孩子的属相选择小巧的生肖挂件。

　　（2）年少学子：给正在上学的孩子挑选翡翠饰品，最好与学业进步有关，也是多为挂件，比如寓意节节高升的翡翠竹节、寓意一鸣惊人的翡翠蝉、寓意连中三元的翡翠福豆，或者寓意鱼跃龙门的翡翠鲤鱼、寓意独占鳌头的翡翠鳌鱼等挂件。

（3）职场青年：对于参加工作的年轻人来说，要成家立业，每天都会面临着新的挑战，可以选择寓意与事业有关的翡翠饰品进行佩戴，比如选择寓意事业有成的翡翠叶子耳坠、路路通、平安扣挂件等，也可以选择象征婚姻家庭幸福的翡翠龙凤牌和翡翠如意挂件。除此之外，青年女性还可选择精致小巧的无色、紫色或淡绿色翡翠手镯、手串、手链和简洁的翡翠戒指、耳坠等。

图 71-6　适合职场青年佩戴的翡翠叶子耳坠

图 71-7　适合职场青年佩戴的翡翠平安扣绿丝带供图

图 71-8　适合青年女性佩戴的翡翠首饰绿丝带供图

图 71-9　适合青年女性佩戴的翡翠首饰绿丝带供图

图 71-10　适合中年人佩戴的翡翠
龙挂件，忆翡翠供图

图 71-12　适合中年人佩戴的翡翠
福瓜，胡新红供图

图 71-13　适合中年人佩戴的镶嵌
翡翠手镯

图 71-11　适合中年人佩戴的各种翡翠首饰
绿丝带供图

（4）中年群体：中年男性往往已事业有成，可佩戴简洁大气的翡翠观音或霸气的龙牌、龙挂件以及与财运有关的关公挂件等，能够给人沉稳庄重之感；中年女性一般家境相对殷实，可选范围会更广一些，鲜艳浓郁色彩的翡翠手镯以及各种镶嵌翡翠首饰均可作为选择对象。在寓意和款式上，女性更倾向于象征福气或彰显华贵的翡翠饰品，如翡翠福瓜吊坠、镶嵌翡翠手镯等。

（5）老年长者：给老年人挑选翡翠饰品时，宜挑选一些寓意健康长寿题材的款式，比如翡翠寿桃、翡翠葫芦、翡翠如意等，或者是造型上极有意境并带有护佑平安寓意的翡翠佛或翡翠观音牌等，都是不错的选择。此外，女性长者可佩戴一切镶嵌较深较浓绿色翡翠的饰品，如翡翠如意链牌，还可佩戴满绿的翡翠珠串项链，更显雍容华贵。

图 71-14　适合老年人佩戴的翡翠观音牌，忆翡翠供图

图 71-15　适合女性长者佩戴的翡翠如意链牌绿丝带供图

图 71-16　适合女性长者佩戴的满绿翡翠珠链

72. 翡翠饰品如何与服装搭配？

从某种层面上讲，珠宝首饰可以提升一个人的气质，能够在不经意间增加自信度。不论男女，佩戴珠宝首饰古已有之，翡翠首饰不仅能够彰显女性气质，也能提升男性魅力。在以往传统观念中，人们只有在比较大型的正式、庄重的场合才会佩戴翡翠首饰，其实不然。现代社会，佩戴首饰已经成为一种流行趋势，翡翠虽高雅端庄，但其独有的特质使其能够进行多样性的创意设计，在中西文化结合的基础上，各类翡翠首饰设计越发新颖，款式也更加百搭，使得翡翠能够适应不同的场合，搭配多样的服饰。那么我们在佩戴翡翠首饰时，应该如何与服装进行搭配呢？

女性是佩戴翡翠饰品的主要人群，佩戴讲究和搭配规则也就更显复杂。

在日常生活中身着舒适的休闲套装时，适合佩戴一些精致小巧、简约大方的翡翠首饰，清新典雅中透露出纯真韵味，可展现亲和感；工作场合的服装以职业套装为主，服装风格较为严谨，配以构思巧妙、极具设计感的翡翠饰品，时尚与传统和谐统一，端庄娴静中突显非凡气韵，既不失正式，又能突显个人品位；正式场合（如晚宴）的服装以礼服为主，中式传统礼服搭配传统造型的翡翠饰品，能够使人产生

图 72-1　适合搭配休闲装的翡翠饰品

图 72-2　适合休闲场合佩戴的翡翠饰品
绿丝带供图

图 72-3　个性较强的镶嵌
翡翠首饰

图 72-4　个性较强的镶嵌翡翠首饰、绿丝带供图

与东方文化浑然一体的整体美感，西方晚
装礼服配以高档定制的翡翠镶钻石套装首
饰，能够充分体现个人魅力和独特品位，
雍容华贵之感扑面而来。翡翠颜色艳丽多
样，在搭配不同颜色的服装时也有一定的
技巧。淡雅的服装适宜搭配多彩艳丽的翡
翠，浓艳的服装适宜搭配素色简单的翡翠
精品。

图 72-5　与中式服装搭配的翡翠
饰品、绿丝带供图

图 72-6　适合参加晚宴时佩戴的
翡翠套装、玉祥源·张蕾供图

另外，男性在一些场合也会佩戴翡翠饰品，与女性佩戴的主要原则不同的是，"少而精"是男性佩戴翡翠首饰的主导意识。一身高档的西装配以精致的翡翠胸针或戒指，就能尽显内敛高贵的气质。

翡翠首饰的搭配礼仪是一门博大精深的学问。无论你是年长者还是年轻人，喜爱佩戴翡翠的同时，也应该与服装进行巧妙搭配，佩戴得体就能成为人群焦点，更能体现个人魅力，展现出更加与众不同的气质，闪烁自信光芒；如若佩戴不当，便会适得其反。

图 72-7　男士翡翠戒指
绿丝带供图

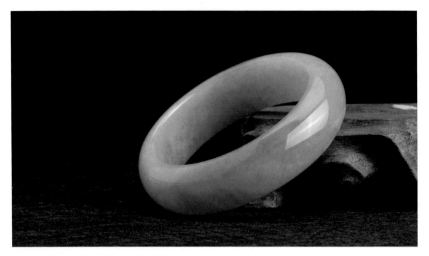

73.翡翠手镯摘不下来该怎么办?

翡翠手镯作为一种环形装饰物,能够突显佩戴者手腕与手臂的美丽,进而衬托整个人的柔美气质。温润的质地、靓丽的色彩,彰显着每一个佩戴者的儒雅气质。

有的时候,个别女性朋友在佩戴翡翠手镯的过程中会遇到一个尴尬的问题,那就是发现自己"神不知鬼不觉"地胖了,而之前戴在手腕上的手镯,成了"手铐"取不下来!硬拽,肉疼;砸了,心疼。不过不用担心,下面就教大家几个实用的小技巧。如果遇到手镯取不下来的情况,不妨一个一个地试,相信总有一种方法能帮到你。

图 73-2　套袋法取出翡翠手镯
Olympe Liu 供图

（1）利用肥皂：先将手充分打湿，然后将肥皂抹在手上来回擦拭几遍，让整个手腕及手部充分润滑，再试图将翡翠手镯从手腕上取下来。如果手型发胖不是特别严重，只要稍微用力，将手部微缩就可以把翡翠手镯轻松取下来。

（2）使用润滑剂或者塑料袋：先在涂抹有润滑剂的手掌上套上软塑料袋，然后在塑料袋外涂抹润滑剂，将手掌最宽处压紧，把翡翠手镯慢慢取下来，如图73-2。整个过程中润滑剂和塑料袋都可以起到润滑的作用，保证翡翠手镯和人皮肤的安全，佩戴手镯时也可使用该方法，简便有效。

（3）捆绳法：先将拇指按到手心，用绳子从手指开始单层捆起，捆到手腕接触到翡翠手镯的地方，注意关键地方一定要捆密。然后把绳子头从翡翠手镯下穿过去，一圈圈绕回绳子，如图73-3。必要时加洗手液或者乳液辅助。需要注意的是，取翡翠手镯时，一定要在铺有软垫的地方进行，且周边不能有桌椅，以免手镯不慎滑落时碰撞到硬物而受损。

图 73-3　捆绳法取出翡翠手镯
Olympe Liu 供图

74.若玉镯出现裂纹或摔断了该如何补救？

钟爱翡翠的朋友都知道，一块质细、色正、水足的翡翠一定价值不菲。俗话说"无纹不成玉"，指的是绝大多数翡翠本身往往会存在瑕疵，尤其可能存在石纹，若有石纹，即使质色绝佳，价值也会大打折扣。在选购翡翠玉镯时，要认真挑选，但不必过分挑剔，因为十分完美的玉镯很少，若遇到完美的翡翠手镯，其价格必定不菲。无论是完美的翡翠手镯还是内有石纹的翡翠手镯，日常佩戴时难免会有一些磕磕碰碰，有的手镯（尤其是有石纹的手镯）在长期的碰撞下容易产生裂痕而影响美观，还有的手镯在摘取时不小心摔到地上，断成了两截或数截，这时该怎么办呢？可参考以下方法进行补救。

图 74-1 有裂纹翡翠手镯的修复

（1）掐丝镶嵌修复：针对仅有裂纹而未断开的手镯，可采用24K或18K金掐丝镶嵌修复，将翡翠手镯的裂纹遮掩住。方法是先用玉石雕刻工具在细小裂纹表面勾画出具有一定美观效果的凹槽图案，再用贵金属挤压填补到凹槽内，以达到掩盖裂纹并美化玉镯的效果。

（2）加固性修复：如果翡翠手镯已断裂，可采用加固性的修复。方法一主要针对断成两截的翡翠手镯，可直接在断口

图 74-2 有断裂翡翠手镯的修复（一）

内部均用铆钉锁牢

图 74-3　有断裂翡翠手镯的修复（二）

处加装贵金属合页镶嵌成可开合的手镯形制，利用贵金属镶嵌将手镯的两个断裂段连接修复，此种方法对贵金属的硬度要求较高，但对于断口处损毁较大的手镯可以起到很好的掩饰作用；方法二是在手镯每个断裂面内部打上铆钉，将每个断裂段按照原来的手镯位置拼接好，再进行类似上述掐丝镶嵌修复的方法进行修复，这种修复方法虽然会对玉镯造成些许损伤，但可以起到很好的加固作用，大大减少了在佩戴过程中玉镯再次断裂的可能性。

（3）改款补救：如果翡翠手镯的断裂面损毁严重，甚至有丢失的断块，或者前期修复方法不当导致修复失败，则可采取改款式的方式进行补救。设计师会根据

图 74-4 断裂的翡翠手镯改款
Olympe Liu 供图

翡翠手镯每个断块的色彩、种质和大小等特点进行创意设计，将每个断裂段都充分利用起来，制作成全新的镶嵌首饰。经过改款的首饰品种多为胸坠、耳坠、另类手镯等。此种方法虽然费时费工，但可以最大限度地实现断裂翡翠手镯的再利用。价值较高，或消费者佩戴时间较长且包含有特殊意义的翡翠手镯一旦断裂，会对佩戴者的身心造成伤害。将已断裂的翡翠手镯变身为多件新颖的翡翠首饰，可使佩戴者产生全新的感觉并身心愉悦，不失为一种变废为宝的人性化举措。

图 74-5 断裂的翡翠手镯改胸坠

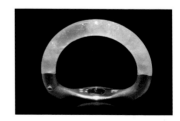

图 74-6 断裂的翡翠手镯改制

160

75. 佩戴翡翠能辟邪治病保平安吗？

在现实生活中，贴身佩戴的翡翠吊坠不小心掉落或者莫名出现裂痕破碎，人们往往会忧心忡忡，担心有不好的事情发生。中国人佩戴翡翠等玉石饰品，除了装饰，更多的是希望可以辟邪保平安。那佩戴这些玉器真的能够辟邪治病保平安吗？古书《玉纪》中记载着这样一桩奇事：作者有一次游历晴川阁，途经三楼，不慎失足坠落，所幸佩戴了一块玉璜，才大难不死。由此可见，"玉能辟邪""玉碎挡灾"的说法是从古代流传下来的。

玉器能辟邪的说法源于古代民间，"邪"大概指的是恶灵、霉运等。在民间传说里，玉能发出一种特殊的光泽，这种光泽在白天不易见到，夜晚则可照亮方圆数尺之地。妖魔鬼怪最怕见到这种光泽，所有的妖魔鬼魅或凶恶势力见到这样的光泽都会溜之大吉，因此不管是皇家贵族还是平民百姓，都喜欢佩戴玉器以求平安。翡翠作为玉石之王，更是被人们视为具有辟邪功能的宝石，因此，佩戴翡翠平安扣、翡翠观音、翡翠佛等挂件，以及本命年佩戴翡翠生肖饰品便渐渐演变为许多中国人辟邪求安的一种习俗，也成为翡翠文化的一部分。

古人认为玉石能够吸取天地间的浩然正气，但这个说法缺乏科学依据，其实佩戴任何材质饰品，只要其具有足够的硬度、韧性和大小，当灾祸来临时它都有可能挡在我们面前替

图 75-1　镶嵌翡翠观音吊坠

图 75-2　佩戴翡翠佛吊坠
绿丝带供图

我们承受外力并遭到损坏，因此辟邪也只是一些心理安慰罢了。即便如此，翡翠玉石饰品对佩戴者产生的精神影响不可小觑，它可以帮助人们调整情绪，带给人愉悦的心情，从而在一定程度上增强人体免疫力。从中医的角度看，经常佩戴手镯和耳坠之类的首饰或抚摸手把件，可摩擦刺激皮肤及身上相应的经络和穴位，会舒筋活络，对经络血脉有好处，或许能起到一定的保健作用。但有效的保健还是需要科学的养生，即健康的心态、合理的饮食与勤加锻炼，一味地依赖玉器带来的效果、认为玉石能治病是不可取的。

76. 翡翠中的微量元素能进入人体吗？

俗话说"人养玉三年，玉养人一生"，古人认为玉乃天地之精华，最能"蓄气"，长期佩玉对身体大有裨益。现代科学研究表明翡翠中含有多种微量元素，如铬、铁、钛、锰等，因此有些翡翠商家会告诉顾客"长期佩戴翡翠饰品，其中的微量元素会通过皮肤进入到人的身体中，起到治病保健作用"，当真如此吗？

　　翡翠诞生于极为苛刻的地理环境中，是上亿年时光的积淀。如前所述，翡翠形成于温度约150℃～300℃、压力约$5\times10^3\text{kPa}$～$7\times10^3\text{kPa}$的条件下，在这种温压条件下形成的翡翠怎会在室温常压下流出微量元素？而且人的体温最高也就40℃左右，通过皮肤摩擦产生的压力和温度也不可能使翡翠分离出微量元素。现代地质学研究成果显示，通常从岩石矿物中能自动释放出来的只有放射性元素，而截至目前，未有科学研究指示翡翠具有放射性，并且众所周知，放射性元素对人体是有伤害的。另外，翡翠中所含有的微量元素正是翡翠的颜色成因，如含铬、铁、钛可使翡翠呈绿色，含锰则翡翠可呈紫色等，并且这些微量元素的浓度越高则翡翠相应的颜色越深或越鲜艳。若这些微量元素通过佩戴与皮肤摩擦便可从翡翠中跑出来，那么天然A货翡翠的颜色就会越来越浅甚至褪色，翡翠的结构也会越来越疏松，这与事实大相径庭。如果经过佩戴出现褪色且结构疏松的现象，则说明该翡翠一定是B+C货，即经过充填染色的处理翡翠。因此，诸如"通过佩戴，翡翠饰品中微量元素能够进入人体产生保健作用"的说法纯属无稽之谈。

图76　春带彩翡翠圆牌吊坠

77. 翡翠首饰佩戴时间越久看起来绿色越多，加工成首饰的翡翠仍能继续生长绿色，是真的吗？

购买翡翠首饰的消费者在佩戴一段时间后，大多会发现自己的翡翠首饰在不知不觉中出现绿色越来越多的现象，因此产生诸多疑虑：翡翠是有什么神奇魔法吗？加工成首饰的翡翠仍能继续生长吗？翡翠真的会越戴越漂亮吗？

神奇魔法自然是不存在的，加工成首饰的翡翠也必然不能继续生长，但翡翠首饰的确能够越戴越漂亮。翡翠中的绿色属于原生色，即在翡翠形成时便已存在，所谓"绿长"其实是一种错觉。请大家仔细留意，所谓"绿长"现象往往在种水相对不好、偏干的翡翠饰品中较为明显。这是因为此类带有绿色的翡翠矿物晶体颗粒比种水好的翡翠粗，且颗

图 77　佩戴翡翠手镯

粒间的缝隙大，开采出的原石较易失去颗粒间的水分（经科学研究证实，翡翠也是含有水分的）。当此类翡翠原石加工成成品后，矿物颗粒间失去水分的空隙被空气占据，空气与翡翠矿物的折射率相差较大，因此我们有时也能肉眼观察到某些矿物晶体颗粒的边界，当光线照射其上，边界会发生漫反射和折射，使我们肉眼看不到翡翠相对颜色较深部位的绿色，仅看到浅表层的部分绿色便误以为绿色较少。通过长期佩戴，翡翠与人的皮肤接触产生摩擦，人体的油脂和水分会混合进入翡翠微裂隙中，弥补颗粒间的缝隙，使得光线可以直射内部，翡翠无色部分便会映衬出原本在较深部位存在的绿色。佩戴的时间越久，进入的油脂和水分越多，看到的绿色就越多，就像绿色长了一样。

然而部分消费者购买的翡翠首饰长期佩戴后不但没有变漂亮，反而变黄变灰，甚至开始掉色。这是因为佩戴者购买的并非天然的 A 货翡翠，而是经过了优化处理的翡翠。B 货翡翠由于充填了环氧树脂，时间一长就会老化，翡翠就会变黄发灰。C 货翡翠是染色翡翠，因此佩戴一段时间后会出现褪色现象，甚至变得干白。由此看来，购买品质好的天然 A 货翡翠尤为重要。好的翡翠首饰能够陪伴人一生，越戴越漂亮。

78. 为什么有的翡翠饰品能越戴越透亮？

长期佩戴的翡翠不但看起来"绿长"了，而且似乎质地种水也变好了，更加莹润通透，那么翡翠首饰为什么能越戴越透亮呢？这同样是人体分泌的油脂与汗液进入翡翠晶体颗粒缝隙所致，矿物颗粒间缝隙被填补，又经过人体皮肤的反复摩擦，好似再次进行了软抛光（俗称"盘玉"）。这样的摩擦与填补能够改善翡翠表层的透明度，使翡翠看起来愈加润泽透亮，也称"人养玉"。这就是翡翠饰品越戴越漂亮的缘故，但并不是所有的翡翠饰品都会出现这些现象，只有紧挨皮肤佩戴的翡翠饰品才能达到此种效果，较为典型的要数翡翠手镯、手串和手把件。

图 78-2　翡翠手把件《灵芝祥瑞》

图 78-1　佩戴多种翡翠首饰
绿丝带供图

79. 翡翠在不同光线下会"变色"吗?

月下朦胧,雾里看花,加了"滤镜"的世界美得不可方物,真实却又不真实。所谓"月下美人灯下玉",讲的就是月色朦胧中,美人的缺陷会被隐藏,显得完美无瑕,同理,翡翠在不同色调及强度的光源照射下,颜色水头都会有所不同。因此,翡翠在不同光线下的确会"变色"。

在较强的光源下观察翡翠,翡翠内部的小瑕疵就会暴露出来,颜色也有变淡的感觉;而在色调柔和的灯光下观察翡翠,就会显得其色彩更加鲜艳诱人,结构更加细腻,水头更足。其中,以紫罗兰翡翠、晴水翡翠和豆种翡翠最为明显。在暖色调的灯光下观赏时,紫罗兰翡翠呈现漂亮的粉紫色;在白色灯光或自然光源下,则呈现偏蓝、偏灰的蓝紫色。晴水翡翠本是极美的,一抹晴水绿让人心神宁静,但这种清淡而均匀的绿色在柔和的灯光下会比较明显,在强光或自然光下颜色就会变淡,甚至呈现几近无色的状态。豆种翡翠结晶颗粒粗大,在自然光下观察会发现绿色分布不均匀,呈点状或团块状,颗粒感明显;但在柔和的灯光下,颗粒的厚重感就会减弱,绿色也会显得鲜艳均匀。

由此可见,"灯下不观玉"是有一定的实践依据的。翡翠结构复杂,其颜色在不同的灯光下会给人带来不同的观感。翡翠在带暖色调

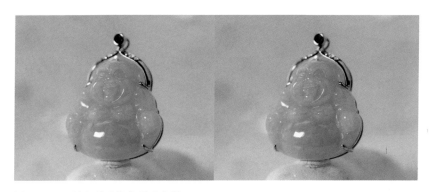

图 79-1　不同光源下的紫罗兰翡翠

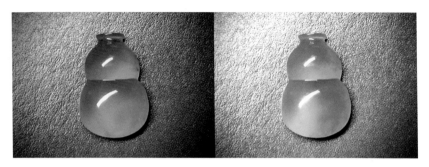

图 79-2　不同光源下的晴水伴绿色翡翠，王惠供图

的黄光下最好看，这种现象叫作"吃光"，"吃光"可以很好地掩盖翡翠的石纹、色根等不完美之处，给翡翠加上一层"滤镜"。因此，选购翡翠时，最好在自然光线下仔细观察，自然光下的呈色才最接近翡翠原本的颜色。

从清晨朝阳冉冉升起，至中午阳光直射，再到傍晚夕阳西下，一天中自然光色温和色调的不同，会使我们所佩戴的翡翠饰品的颜色随之变化。换个角度而言，正是由于翡翠在不同的光线下会发生不同的颜色变化，才更具神秘感，使得人们对其倍加青睐。

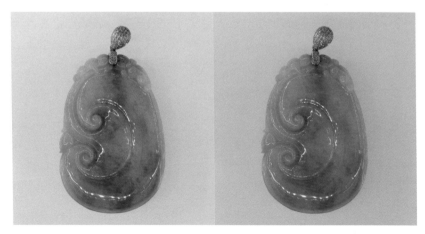

图 79-3　不同光源下的糯豆种翡翠

图 80-1　佩戴翡翠戒指

80. 翡翠首饰应该如何保养？

在日常生活中，佩戴翡翠的人很多，但多数人对翡翠的保养却了解甚微。还有很多人认为珠宝玉石产自大自然，经历了时间的洗礼和自然的磨炼，理应无坚不摧，就更加不重视保养问题。殊不知，世界上最坚硬的钻石，若保养不当，也无法光彩熠熠。那么"玉石之王"翡翠该如何正确保养呢？

（1）佩戴翡翠的时候要轻拿轻放，避免磕碰，在进行劳动或高强度的运动时，最好取下翡翠首饰进行妥善保管。翡翠的韧性相对较高，但并不代表着它不怕磕碰，如果受力过大，翡翠也会产生裂纹，甚至断裂。

（2）许多人一旦佩戴上翡翠饰品就很少取下，无论是做饭还是洗澡睡觉都会随身佩戴，这就使得油污、沐浴露等化学物品沾染到翡翠表面。长此以往，油污和化学物品进入翡翠内部，翡翠便会受到浸染侵蚀，形成黑点或杂质，从而导致翡翠的外观变丑。所以对于经常佩戴的翡翠首饰，要定期用清水清洗掉表面的污渍并擦干，对于镶嵌类的翡翠首饰，注意定期检查牢固度，以防脱落。

（3）避免高温和太阳暴晒，过高的温度会把翡翠表面的蜡膜保护层（有些种质略逊的翡翠加工后会在成品表面浸蜡）晒化蒸发，翡翠失去了滋润的保护层，容易失去温润的水分，导致水头变差、种质变干、颜色变浅且失去光泽，透明度也会有所降低。细心的读者可能看到过很多商场的翡翠柜台内都会放置一小杯水，这就是为了给翡翠饰品进行日常保湿降温，防止翡翠出现"脱水现象"。在日常生活中，我们也可以隔一段时间将翡翠放在清水中浸泡保养，以此来保证翡翠的水润光鲜。

（4）对于长期不佩戴的翡翠，可将其擦拭干净，放在固定的首饰包装盒中，或用密封袋包装起来单独存放，不要和其他首饰混放，避免翡翠表面被磨损。此外，要进行定期检查，保证翡翠表面的清洁，以免翡翠脏污或因受到挤压而产生破损。

翡翠的保养是一项长期而又细致的工作。有"人养玉"的说法，因此某些翡翠饰品（如翡翠手镯、花牌和手把件等）经常贴身佩戴或把玩便是一种非常好的保养方法，但在游泳、洗澡、睡觉时最好不要佩戴。

翡翠经过千百年悠悠岁月的沉淀，才将一份天然的美凝结到极致，呈现于世人面前。细致保养每一件翡翠首饰，才能不辜负这份美。

图 80-2　佩戴翡翠手镯

翡翠文化知多少?

——翡翠的文化、传说、雕刻之问

81. 为何翡翠原石外部常常有红色的皮幔，里边才是翠绿的玉石?

翡翠颜色多种多样，绿色、白色、紫色、红色、黄色……众多颜色交汇于一体，似天边彩虹般绚烂多彩。我们常常发现翡翠原石外部有着红色的皮幔，而里面包裹着翠绿的玉石，这种神奇的颜色现象是怎么出现的呢?

有一个充满爱与勇气的传说以一种浪漫的方式解答了这个问题。传说有个叫燕赤羽的青年逃荒到缅北，得当地部族首领克钦山官相救。小伙子聪明能干，很得首领赏识，成了红衣领队的统领。后来被绿羽山官的女儿翠鸟看中，两人暗生情愫并约定终生。在一次战争中，燕赤羽不幸受伤，翠鸟在大神官的帮助下化身飞鸟，带着爱人飞出了敌人的重重围困。但好景不长，苦命的情侣被仇人施以妖法，变成了石头，落到了现在的帕敢一带，化身成了美丽的翡翠。因燕赤羽死时紧紧抱住翠鸟，所以翡翠原石外部常常有着红色的皮幔，里边才是翠绿的玉石。

故事总是在描述现象的同时传递着幸福的能量，的确有部分翠绿色的翡翠原石外部包裹着红色皮幔，那如何用科学的方法解释这种现象呢？翡翠的颜色成因有两大类型，即原生色和次生色。其中绿色属于原生色，是组成翡翠的原生矿物所产生的颜色。红色则为次生色，是翡翠在地表或近地表受风化作用影响，于氧化环境中形成赤铁矿，并填充于矿物晶体颗粒间而形成。成岩阶段形成的硬玉岩在成玉阶段发生颜色介入和深入改造后形成绿色的优质翡翠原石，而后在风化作用的影响下，表层的翡翠由于赤铁矿的介入变为红色。从形成时间看，红色的形成晚于绿色，因此才出现了外部有着红色的皮幔、里边才是翠绿的玉石的神奇现象。

图 81　带有红色皮幔的翡翠原石、珍宝轩供图

82. 关于翡翠的动人传说还有哪些？

"情侣化鸟"的故事让我们感觉到了纷繁人世间爱与勇气的力量，人们通过传说赋予翡翠美好寓意，翡翠也承载着人们对于幸福和好运的祈愿。关于翡翠的传说故事还有"翡翠娘娘""翡翠水石""白叟赠玉"等，这些传说故事往往意义深刻，在向往美好生活的同时蕴含着丰富的人生哲理。

（1）翡翠娘娘——善良与勤劳的化身。

云南有个姑娘叫翡翠，自幼学医，乐善好施。当时缅甸的王子体弱多病，遍寻名医无果，便请翡翠的父亲前去治病。翡翠同父亲来到缅甸，悉心照料王子。王子痊愈后，迎娶翡翠，但不久翡翠便被国王发配至边远地区。当地百姓疾病缠身，困苦潦倒，翡翠尽力医治百姓，教他们治洪、种粮，人们都尊称她为"翡翠娘娘"。她死后，灵魂化作结晶，经过上千年的磨炼形成瑰宝，就是现在的翡翠。

（2）翡翠水石——机遇与运气的影射。

有一个烟贩赌光了所有家产，只好一人四处游荡。有一次他坐在一个老树桩上歇脚，发觉老树桩有些软，低头一看居然是条大蟒蛇。他被吓破了胆，滚下山沟，醒来后发现周围竟然全是巨大的鹅卵石。再仔细一看，这些石头透出斑斓的色彩，在水流中显得格外动人，他突然意识到这就是翡翠水石。从那一天起，他每天都背着这些翡翠水石到山外贩卖，买主对于他如何有这么多的货源感到非常疑惑。有一天他被人跟踪到了山沟里，这个秘密被大伙发现后，很多人都靠这些翡翠水石发了大财。

（3）白叟赠玉——英勇与仁爱的回报。

古时有一位将士，英勇善战，品性质朴。一次，他看见一位乞讨的白叟，心生怜悯，便送了些银两给白叟。为表感谢，白叟将自己最宝贵的翡翠玉佩送给了将士。不久之后，将士经历了一场前所未有的恶战，他与众猛将冲锋陷阵，身边众将被箭射中，纷纷落马，唯独他却毫发无伤。胜利归来后，他脱下盔甲，发觉翡翠玉佩出现了裂纹，原来箭都被玉佩挡住，翡翠玉佩保住了他的性命。从此以后，他倍加爱惜此佩，戴着它身经百战且屡战屡胜。

图82　翡翠水石

83. 你知道那些与翡翠有着独特情缘的历史人物吗?

传说故事里的翡翠背后往往蕴含着真情与感动,这般美丽的翡翠自然也在历史长河中留下了一段段故事。当翡翠成为历史的寄存者,一个个生动的人物形象带着他们的记忆从漫漫长河中走来,讲述着那年那时那事。

(1)陈圆圆——定情信物与山河之殇。

吴三桂南征北战,立下战功无数,收藏了许多世间宝物。明末清初,玉出云南,他无意间得一稀世翡翠。此物质地纯洁、翠绿欲滴、晶莹透亮,吴三桂端详一夜,爱不释手,终日把玩,从不离身。当时"秦淮八艳"之一的梨园名妓陈圆圆美若惊鸿,是吴三桂的爱妾。吴三桂的父亲投降了起义军后,陈圆圆被李自成所掠。经过一场生离死别,两人再次重逢,吴三桂便把这翡翠手镯送给了陈圆圆。后来吴三桂独霸云南,陈圆圆年事已衰,不再得宠,最终心灰意冷,削发为尼,从此青灯古佛,不问尘事。在吴三桂造反兵败被杀后,陈圆圆在云南五华山华国寺往东,面向家乡苏州方向,把吴三桂赠予的美玉深埋地底,随后自杀身亡,以示故土难回、追随爱人。从此,那地底之下的昂贵之物,也随着陈圆圆的沉寂而变成了无人知晓的存在。对于陈圆圆来说,翡翠既是定情信物,亦是山河之殇。

(2)徐霞客——"翠生石"。

明朝伟大的地理学家、旅行家徐霞客所著的《徐霞客游记》中记

图 83-1 云南好风光

述了自己游历云南的情况，通篇贯穿着对徐霞客与翡翠最早、最具体、最生动的珍贵记录。书中记载着这样一件事，徐霞客游历到云南腾冲时，在当地玉商家中观赏玉器，腾冲的一位潘姓友人曾赠其两块翡翠，因为当时翡翠还未广泛流传于大江南北，没人懂得其珍贵价值，只当绿色石头，称"翠生石"。徐霞客也没把人家送的宝贝当回事儿，将两块上等的满绿纯翠翡翠做成了喝茶用的杯子，只能说废了不少好料，有点奢侈了，不过这两个杯子要是留存至今的话，也绝对是无价之宝了。

（3）乾隆皇帝、慈禧太后——翡翠王朝。

清朝中期，翡翠盛行。以"玉痴"著称的乾隆皇帝是中华玉史上的集大成者，故宫博物院藏玉达三万多件，一半都是清乾隆年间制造，精美华丽。朝珠、扳指、鼻烟壶等，生活上一切能够用翡翠制成的物品，乾隆皇帝基本都拥有，且大多价值

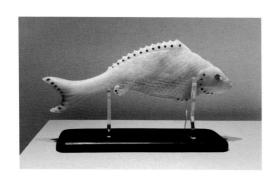

图 83-2　清乾隆翡翠嵌珠宝鱼式盒，故宫博物院藏

帽顶

朝珠

图 83-3 乾隆帝像
故宫博物院藏

不菲。2012 年北京保利秋拍中国古董珍
玩夜场上，清乾隆御制的"翡翠雕辟邪水
丞"以 4945 万元的成交价拍卖成功，成
为当时拍卖市场成交价最高的翡翠动物
摆件。

　　慈禧太后也可谓是翡翠的"第一代言
人"，她对翡翠情有独钟，并把翡翠艺术
推向了高峰。据记载，慈禧太后曾命人特
地建造了一间非常大的宫殿，专门用来存
放那些收集而来的翡翠玉石，并派专人巡
逻把守。每当慈禧太后心情不佳时，她就

会在里面待整整一天，等到出来的时候就没有了之前的烦闷，取而代之的是喜悦。一位美国画家曾为慈禧太后作了一幅油画，画中的慈禧太后几乎佩戴了全套的翡翠饰品，翡翠手镯、翡翠戒指和头上的珠翠，就连指甲套也是由翡翠打造的。此外，她收藏的翡翠西瓜、翡翠白菜、翡翠麻花手镯等如今更是无价之宝。

图 83-4　清代翠雕白菜式花插
北京故宫博物院藏

图 83-5　清代翠镂雕葫芦纹佩（中）
北京故宫博物院藏

图 83-6　清代翡翠首饰
北京故宫博物院藏

178

图 83-7　清代胎海棠式盆翠竹盆景
北京故宫博物院藏

84. 为什么台北故宫博物院将翡翠白菜作为"镇馆之宝"？

翡翠晶莹含蓄、刚柔并济，其天然质地恰能体现东方人的优秀品格，清朝是翡翠发展的鼎盛时期，故宫博物院保留着众多惊艳世人的清朝翡翠制品。最值得一提的是台北故宫博物院的镇馆之宝——翡翠白菜。珍宝千千万，为何"翡翠白菜"被当作镇馆之宝收藏呢？

原因一，题材好。白菜虽然常见，但在翡翠雕刻中，这一题材却十分受欢迎，大众喜闻乐见。

原因二，雕工好。当时的工匠将俏色巧雕应用到了极致，依照翡翠天然的形态和颜色顺势而为，这样一块半白半绿的翡翠原石雕刻出来的翡翠白菜栩栩如生，连菜叶上蚱蜢和螽斯后腿的刺都活灵活现。

原因三，寓意好。白菜青白相间，寓意清清白白。菜叶上的蚱蜢和螽斯又有多子多孙之意，迎合了中国人传统的美好愿望。

原因四，历史文化价值高。翡翠白菜原本陈列于清朝永和宫，是瑾妃的陪嫁嫁妆。溥仪被冯玉祥驱逐出紫禁城的时候，瑾妃将其携带出宫，经过辗转迁徙，最后落户台北故宫博物院。翡翠白菜见证了一段时代历史，从历史价值上看，它的确是一件珍贵的玉石文物。

　　翡翠白菜做工精美、巧夺天工，是一件无价之宝。台北故宫博物院在 2000 年举办过一次网络票选，结果显示翡翠白菜位于最受观众欢迎的文物之首，因此翡翠白菜被誉为"镇馆之宝"实至名归，观众甚至需要排队两小时才能一睹它的真容。

图 81　翡翠白菜
台北故宫博物院藏

85.常见的翡翠雕刻技法有哪些？

俗话说"玉不琢，不成器""三分料，七分工""能工巧匠者，细心雕琢间"。一块翡翠原石，只有经过匠心独运的设计加工雕刻，才能成为一件精美的翡翠饰品、工艺品或艺术品。好的雕刻技艺能够化腐朽为神奇，让精美的翡翠变身艺术品，灵动隽永，雅致自然。拥有这份神奇魔力的翠雕技法主要有以下几种：圆雕、浮雕、透雕、线雕、链雕。使用不同的表现技法，会在翡翠上留下不同的美。

（1）圆雕，又称立体雕、圆身雕，是指不附着在任何背景上、适于多角度欣赏的、完全立体的雕刻。圆雕属于形象和空间的结合，是可以多方位、多角度欣赏的三维立体雕塑。圆雕作品极富立体感，生动、逼真、传神。

（2）浮雕，顾名思义，指在平面上雕刻出凹凸起伏的形象，是介于圆雕和绘画之间的一种艺术表现形式。通过削减局部厚度的方法进行处理，只供一面或两面观看，在平面背景的衬托下，弱化圆雕的实体感，使图像造型浮于玉料表面，是半立体型雕塑品，多用来雕刻一些圆雕不好表现的风景题材。根据厚度被削减的程度不同，浮雕又可细分为浅浮雕（又称薄意雕）和高浮雕。

图 85-1　圆雕翡翠摆件

图 85-2　浮雕翡翠山水牌

图 85-3　透雕翡翠牡丹团扇
张铁成供图

（3）透雕，又称镂空雕、通花雕，是浮雕的进一步演变，就是在翡翠雕刻作品中保留凸出的物象部分，而将下凹部分进行局部镂空，通过图案的巧妙组织，将纹饰穿透镂空，凸显轮廓，充分展现玲珑剔透的艺术效果。透雕工艺无论是在题材内容上还是在镂刻功夫上都表现出意蕴的醇厚与技巧的高超，人们常用"鬼斧神工"一词赞美好的透雕工艺品。

（4）线雕，也称阴阳刻，即用线条表现形象和图案，多用来雕刻图案的轮廓、人物的头发、动物的毛发、茅草以及波纹等细节，是一种古老的雕刻技艺。其中阳刻指凸起的棱线，阴刻与之相反，指像沟槽一样的线条。翡翠线雕与绘画有异曲同工之妙，但线雕采用阴阳刻，能够使绘画作品跳出平面，更具张力。

左／图 85-4　线雕翡翠兽面纹牌

右／图 85-5　线雕翡翠《三顾茅庐》
沈罕供图

玉料雕刻出一整条活动玉链的雕刻工艺，难度颇高，费时耗工，相较于其他雕刻工艺较为少见，一般用于雕刻瓶炉。链雕是一种高难度的技法，不仅要求玉雕师有极高的雕刻功力，对于玉料的要求也非常高。为保证环链的完整性，一般会选用体积较大的翡翠原料，且要求翡翠质细性坚、纯而无格。

图 85-6 链雕翡翠花篮
张铁成供图

86. 翡翠山子有多美？

重峦叠嶂，暗香疏影，大自然是神奇的造物主，创造出一幅幅精美画卷，让人流连忘返。在翡翠摆件中有这样一个大类，它是自然的载体，能够让自然美景走进室内、走到床边、走入你的生活，它就是翡翠山子，如诗般传神，如画般生动。

翡翠山子是一种置于案头或室内以供欣赏的陈设摆件，多选用整块翡翠毛料进行雕刻，在保留翡翠原料整体外形的前提下，雕刻具有一定含义的图案，因其形如小山，故名翡翠山子。翡翠山子题材丰富、意境深邃，内容包含人物山水、花鸟鱼虫、珍禽异兽、亭台楼阁，主题生动，蕴含文化精髓。此外，翡翠山子雕工秀润工整，十分考验玉雕师的工艺水平，在工艺选择上，透雕、圆雕、浮雕、线雕等诸技无所不用。其布局讲究层次有序，大需恢宏，小要精致，气势壮观非凡，

图 86-1　翡翠香山九老图山子
宋世义作品、宋世义玉雕工作室供图

意境深刻高远。翡翠山子有微缩景观之特点，几乎能还原自然的场景，具有鲜明的艺术风格。

"远望以取其势，近看以取其质"，一块好的翡翠山子，能够让人身临其境，寄心于上，尽情享受自然美景。翡翠颜色变幻多彩，质地细腻丰富，精湛的雕刻技艺和新颖的创作形式，构建了翡翠山子统一完美的艺术形象。雕刻精巧、气势恢宏的翡翠山子极为稀少，大多价值不菲，如若好雕工、好创意、好石料三者合一，就能称其为传世巨作。由此可见，翡翠山子的艺术价值令人惊叹，不失为收藏佳选。

图 86-2　翡翠山子

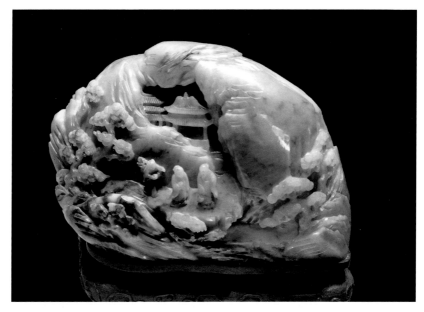

图 86-3　清·翠雕《鹤鹿人物图山子》
北京故宫博物院藏

图 86-4　中国珠宝玉石首饰行业协会"天工奖"作品《忆江南》
佟星供图

87. 哪些翡翠制品可表"吉祥如意"之意？

翡翠有"东方绿宝石"之美誉，具有着东方文化的神秘气息。自古以来，翡翠便被赋予了丰富的传统精神内涵，更是被视为中华文化的载体。玉必有工，工必有意，意必吉祥。在翡翠制品中可见日月山川、云雪雨雾，亦有仙人异兽、神果瑞豆，讲究的就是其中的吉祥寓意。

有着"吉祥如意"之意的翡翠制品样式颇多，雕刻图案也多种多样。八仙过海，各显神通；道家八宝，寓意吉祥；羊音同"阳"，三只羊寓意三阳开泰、吉祥好运；象与"祥"音近，取万象更新之意，太平有象，吉祥如意；以龙、凤、祥云为创作

图 87-1 墨翠羊挂件

图 87-2 清·翠雕《太平有象磬》
北京故宫博物院藏

图 87-3 翡翠仙子
玉祥源·张蕾供图

图 87-4　五彩祥云
林杰供图

元素的"龙凤呈祥"，寓意高贵华丽、喜庆祥瑞；"丹凤朝阳"以凤凰和太阳为创作元素，象征对幸福生活的向往与追求；喜鹊与梅花，即为"喜上眉梢"，寓意喜庆之事纷至沓来；借"莲"与"连"、"鱼"与"余"同音，莲花鲤鱼，称"连年有余"，寓意生活富余、吉祥如意；"人生如意"以人参和如意为元素，取事事顺遂之意；

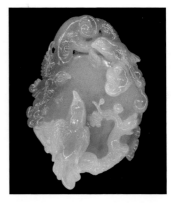

图 87-5　翡翠《喜上眉梢》挂件

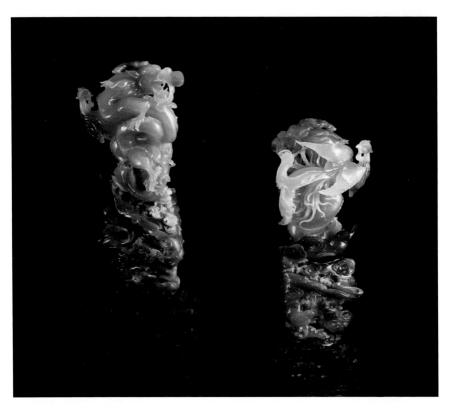

图 87-6　翠雕《龙凤呈祥》

"福鼠如意"翡翠山子将蝙蝠和鼠雕刻在一起；蝙蝠灵芝，借"蝠"与"福"同音，寓意福意绵绵、吉祥无边。此外，在融观赏与实用于一体的翡翠器皿中，翡翠茶壶寓意祈福迎祥，翡翠素瓶象征平安如意。

吉祥如意，平安幸福，家之小愿，国之大求。表"吉祥如意"的翡翠制品可赠予任何年龄段的人群。

图 87-7　翡翠瓶
张铁成供图

图 87-8　翡翠壶杯套装

图 87-9 中国珠宝玉石首饰行业
协会"天工奖"作品《福鼠如意》
沈罕供图

图 88-1　翡翠五子拜佛
何保国供图

图 88-2　持莲送子翡翠观音

图 88-3　翡翠关公挂件
忆翡翠供图

88.哪些翡翠制品可表"辟邪消灾"之意?

金压惊，银避邪，玉石保平安。翡翠制品灵性通达，本就暗含平安之意，配以特定的雕刻图案，人们希望能够借外力和内心力量镇邪消灾，逢凶化吉，祛病延年。因此，翡翠市场中含"辟邪消灾"之意的翡翠制品数不胜数。

在有"辟邪消灾"之意的翡翠制品中，翡翠佛公和翡翠观音居多。佛公心怀天下，寓意有福相伴；观音普度众生，意求救苦救难；十八罗汉，驱邪镇恶；天女散花，春满人间；蛇、蝎、蜈蚣、壁虎和蟾蜍，翡翠"五毒"，寓意辟邪趋吉，镇恶免灾；钟馗捉鬼，斩妖除魔，扬善驱邪；武神关公，忠义仁勇，辟邪挡煞，震慑四方；"易有太极，是生两仪，两仪生四象，四象生八卦"，太极八卦，寓意出入平安、逢凶化吉。

天地有正气，杂然赋流形。表"辟邪消灾"的翡翠制品可作为节日礼物相赠，例如春节、端午节、中元节等，祈愿佩戴之人能够祛邪免灾，神灵护体，一生平安。

图 88-4　自在观音，林杰供图

89. 哪些翡翠制品可表"长寿多福"之意?

图 89-1　翡雕《美猴王》

　　翡翠玉雕是具东方艺术美的工艺品,不仅承载了中华民族的良好品德和国人对美好生活的期望,更是自然和艺术的完美结合。形于其上,便赋予翡翠更深一层的内涵。家有老人,唯愿长寿多福,表"长寿多福"之意的翡翠制品也极为常见。

　　福禄寿三星拱照,祈愿儿孙满堂、增财添禄、安康长寿;龙之九子中的赑屃,头尾似龙,身似陆龟,上通天文,下知地理,寓意长寿吉祥;猴王千岁,生性忠诚,

图 89-2　翠雕《福禄寿》

图 89-3　翠雕《赑屃》

灵猴玉坠，祈愿健康长寿；石榴意多子，寿桃祝长寿，佛手寓福寿，如意、灵芝在其上，暗示多子多福、福寿如意；"福寿双全"以寿星老人、持桃童子、蝙蝠为创作元素，寓意多福多寿；蝙蝠和铜钱取谐音命名"福在眼前"，寓意福运将至、好事连连；以猫、蝴蝶为素材的翡翠制品名为"耄耋富贵"，寓意健康富贵；"灵猴献寿"则是灵猴抱桃喜献寿，寓意祝福长寿；松树和仙鹤常取"松鹤延年"之名，寓意长命百岁、志节高尚；一人一马，一松一鹤，如松之盛，高风亮节。

图 89-4　翠雕挂件《灵猴献寿》

如月之恒，如日之升，如南山之寿，不骞不崩，如松柏之茂，无不尔或承。表"长寿多福"之意的翡翠制品蕴含着对老人诚挚的祝愿，可赠予亲近长者，祝愿其福如东海、寿比南山。

图 89-5　中国珠宝玉石首饰行业协会"天工奖"作品《如松之盛》佟星供图

196

图 89-6　翠雕《耄耋富贵》

90. 哪些翡翠制品可表"家和兴旺"之意?

翡翠是思想文化的载体,翠雕是玉文化的艺术,图必有意,意必吉祥。"以形表意"和"谐音表意"的寓意表达方式一直是翡翠雕刻的主流,中华民族几千年的传统文化内涵由此可见一斑。求幸福、谋发展,是宏愿,更是未来。小家美才能创大国美,家和兴旺是历史绵延的主题。

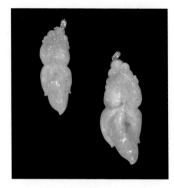

图 90-1 翡翠金鱼吊坠

金鱼,取谐音"金玉",翡翠金鱼,寓意金玉满堂;葫芦谐音"福禄",寓意福禄双全、多子多福;翡翠辣椒,热情似火,寓意常交好运、爱情美满;凤凰于飞,和鸣锵锵,寓意夫妻恩爱、"鸾凤和鸣";孔雀美丽,牡丹雍容,富丽端庄,孔雀与牡丹的组合寓意白头偕老、吉祥富贵;并蒂莲开、蛙鸣藕上、鸳鸯戏水,寓意倾城佳偶、子孙满堂,祝愿"连生贵子";莲

图 90-2 翡翠葫芦吊坠
胡新红供图

图 90-3 翡翠辣椒吊坠
绿丝带供图

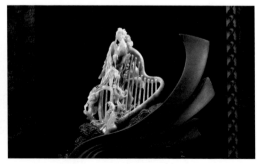

图 90-4 翠雕《鸾凤和鸣》
玉祥源·张蕾供图

图 90-5 翠雕《连生贵子》

藕与葫芦，寓意佳偶天成、多子多福；"麒麟送子"的整体构图为童子手持莲花和如意，骑于麒麟之上，寓意家业兴旺、子孙万代；"花好月圆"以圆月、牡丹、祥云为图案组合，花儿正盛，月亮正圆，寓意爱情美满、生活美满。

白首齐眉鸳鸯比翼，青阳启瑞桃李同心，夫妻和睦、家庭兴旺是每个家庭的"财富"。表"家和兴旺"之意的翡翠制品往往作为结婚喜庆的礼品赠予新人，祝福新人同德同心美姻缘，家和兴旺一生随。

图 90-6 翠雕《福禄连连》

图 90-7 翠雕《吉祥富贵》

91. 哪些翡翠制品可表"事业腾达"之意？

翡翠冰莹含蓄、深沉厚重，不浮华、不轻狂、不偏执，拥有着中国人民追求和赞美的品质，浓缩着东方文化的精华。国人极爱翡翠，大抵是因如此，也正是这股热爱，推动着翡翠文化的传承延续。人生在世，多数人一求幸福平安，二愿事业腾达。以翡翠深厚内敛之体，承拼搏高升之念，望能得偿所愿。

福猪富态，财源滚滚，"蹄"与"题"同音，寓及第成名；虾寓吉祥，能屈能伸，寓游刃有余、事业有成；千年苍鹿，寓加官受禄；高蝉远韵，一鸣惊人；福豆，即豆角，三颗豆子分别代表福、禄、寿，寓意连中三元或连升三级；"树叶"谐音"树业"，若为男士佩戴，寓意建功立业、大业有成；猴子骑在马背上，取谐音"马上封侯"，寓意马上升腾、加官晋爵；将龙和马雕在一块翡翠作品上，名为"龙马精神"，寓意自强不息、奋斗不止；以鲤鱼和龙门为组合元素的作品名为"鲤跃龙门"，象征飞黄腾达、一举成名；孔雀与如意，一袭羽衣，遗世独立；灵芝如意，前途顺意，寓意前程似锦、官运亨通。读书人喜爱白鹭青莲，希望高升一品、一路连科。牵牛花枝繁叶茂、花朵

图 91-1　翡翠猪
张毓洪供图

图 91-2　翡翠蝉

图 91-3　翡翠豆荚挂件
张铁成供图

图 91-4　中国珠宝玉石首饰行业协会
"天工奖"作品《虾趣》、佟星供图

盛开、顽强求生，螳螂勇敢洒脱、活力四射，牵牛花与螳螂的组合，代表了顽强与勇敢、生生不息，是不断进取和事业蓬勃的象征。竹节俊逸洒脱，喜鹊忙来报喜，取节节高升和事业腾达之意，名曰"翠竹报喜"。

事业腾达，一路高升，加官晋爵，光耀门楣。表"事业腾达"之意的翡翠象征着对个人成就和仕途前程的向往与祝愿，可赠予适龄学生和官场之人，祝福其学业有成、官运亨通。

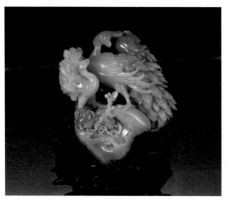

图91-5 翠雕《前程似锦》

图91-6 翠雕《一路连科》

图91-7 翠雕《生生不息》

图91-8 翠雕《翠竹报喜》

92. 哪些翡翠制品可表"生意兴隆"之意?

美玉润至心灵,更有美好寓意寄托其中,从古至今的文化积累,使玉成为我国的一种精神图腾。随着商业发展,市面上的玉件琳琅满目,作为生意人,必然希望生意红红火火。生意人佩戴或摆放一块合适的翡翠制品,不仅仅是地位和身份的象征,更是一种精神上的庇护。

生意人多供貔貅、金蟾,祈求生意兴隆。貔貅喜金钱之味,其头向外,可吸纳八方财富,有旺财之效;金蟾非财地不居,乃招财瑞兽,口吐金钱,是以旺财,富贵之气迎面来。此外,老牛憨厚,勤勉致富,寓意股票牛市、好运连连;福鼠聪慧,机敏警觉,寓意富贵招财、福寿双全;翡翠螃蟹,双螯八肢,纵横天下,寓八方招财;马驮元宝,铜钱在上,名为"马上发财",

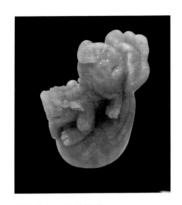

图 92-1 翡翠貔貅
张毓洪供图

图 92-2 翡翠金蟾
张毓洪供图

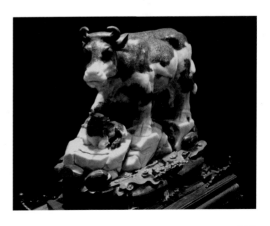

图 92-3 翡翠牛

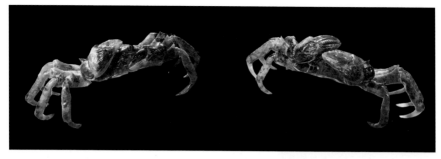

图92-4 翡翠螃蟹

祈福生意兴隆、招财进宝；取谐音意的白菜摆件更是深受大众喜爱，白菜谐音"百财"，有财源滚滚之意；麦穗代表着新的希望和丰收，"大麦"谐音"大卖"，以翡翠麦穗赠之，寓意生意红火。

图92-5 翡翠鼠

　　财源滚滚达三江，生意兴隆通四海。表"生意兴隆"之意的翡翠制品可赠予生意人，翡翠摆件可以作为开业礼物，祝福其生意兴隆、财源滚滚；翡翠首饰可以送给创业之人，愿其前路一帆风顺，日后财运亨通。

图92-6 翡翠白菜

图92-7 翡翠麦穗挂件

93. 哪些翡翠制品可表"志趣高远"之意?

图 93-1 中国珠宝玉石首饰行业协会"天工奖"作品《一尘不染》佟星供图

图 93-2 中国珠宝玉石首饰行业协会"天工奖"作品《玉骨含香》佟星供图

绿的纯正、白的纯洁,翡翠晶莹剔透的特性正是中华传统美德的最佳体现。世间百态,人各有性,淡泊名利之者难觅,志趣高雅之人难求,清正廉洁是由古至今的精神文明主旋律。高山流水洁有情,清风明月廉无价。总有人一双铁肩、一颗义胆、一身正气,任劳任怨为国肃贪;总有人一副柔肠、一腔热血、一片真情,全心全意为民谋利。翡翠承载着中华传统美德,以其品质特性和雕刻设计向世人传递着宁静致远与志趣高远的美好品德。

古代文人喜借物抒情,赋予花卉高尚品格,"花中四君子"便成为借物喻志的典型象征。"四君子"指梅、兰、竹、菊,分别代表"傲、幽、澹、逸"的优良品质。梅身披傲雪,如高洁志士,风骨俊傲,不趋荣利;兰深谷幽香,若世上贤达,清雅纯洁,威武不屈;竹清雅淡泊,似谦谦君子,挺拔洒脱,正直清高;菊凌霜飘逸,如世外隐士,不畏严霜,不陷污浊。"出淤泥而不染,濯清涟而不妖",莲谐音"廉",翡翠莲花寓意为人清正、不屈不挠、纯洁高雅。此外,谐音表意的还有翡翠蜻蜓,同样具清正廉洁之意。鹦鹉羽毛华丽、器宇不凡、聪明好学。翡翠鹦鹉，取英明神武之意，是独立自强的象征，传递积极向上的精神。

"宠辱不惊，看庭前花开花落；去留无意，望天上云卷云舒。"志趣高远之人心境平和，淡泊自然，以博大情怀处之待之，令人心生敬佩。表"志趣高远"之意的翡翠制品可用来赠予清正廉洁、品德高尚的仁人志士和文人雅士，以传达尊敬和钦佩之意。

图93-3　中国珠宝玉石首饰行业协会"天工奖"作品《生生不息》
佟星供图

图93-4 翡翠摆件《英明神武》
佟星供图

图93-5 翡翠摆件《上德若谷》
林杰供图

图93-6 中国珠宝玉石首饰行业协会"天工奖"作品《兰趣》，佟星供图

图 94-1　中国珠宝玉石首饰行业协会"天工奖"作品《读万卷书》，佟星供图

94. 哪些翡翠摆件适合摆在书房？

"腹有诗书气自华"，一间书屋，一方天地，世间万物，最是书香能致远。在东方文化中，书房是最文雅的地方，想来文人最爱书屋，而构成这个大雅印象的空间中，诸多雅物相映成趣。翡翠高雅端庄，与书房自是极配，文房类翡翠摆件能为这片知识的海洋增添一分雅致。

文房用具历史悠久，唐宋时期逐渐形成完整体系，清朝开始出现大量的翡翠文房用具。但由于翡翠极其珍贵，翡翠文房

图 94-2　翡翠笔筒，张毓洪供图

208

用具并不完全实用，大多为摆件陈设，时至今日，仍是如此。"文房四宝"笔墨纸砚，向来是书房不可或缺的，除此之外，印章、笔筒、笔架、镇纸、笔洗、算盘等也身居文房用具之列。古有李白"梦笔生花"，翡翠玉笔，玉管狼毫，以玉比德，颐养身心。配以雕工精湛的翡翠笔架、笔洗，便成了文人雅士追求悠闲雅致生活的象征。清代翡翠文房用具品类极多，可谓举目琳琅入眼来，而在当今社会，用珍贵的翡翠制作实用器物，的确匪夷所思。因此，现代翡翠文房用具其实并不多见，仅有的部分作品也只是作为观赏摆件进行收藏。

　　一书知解万物，一笔写尽天下。文人墨客钟爱书房，或因书中有春花秋月，亦有落英缤纷。书房这一方高雅之地，必定少不了翡翠的身影。　卷书香气，一抹翠色浓，不论是实用类还是陈设类翡翠文房摆件，都能为书房灌入一份情趣。

图 94-3　翡翠印章

图 94-4　翡翠算盘

95. 哪些翡翠摆件适合摆在厅堂？

在人生的这场旅程中，我们一路向前奔跑着，沿途跌跌撞撞，有苦有痛，但家永远是最温馨的港湾。在这一方小小的天地，有情的充盈，有爱的包围，奋斗拼搏家一直是我们奋斗拼搏的动力。我们经常在不同人家的厅堂发现各式各样的翡翠摆件，它们不仅有装点厅堂、画龙点睛的作用，更寄托了人们对家的美好祈愿。

适合在厅堂中摆放的翡翠摆件多表乔迁镇宅、驱邪避害、招财进宝、吉祥万福之意，常见的有翡翠佛、翡翠观音、翡翠关公、翡翠麒麟、翡翠貔貅、翡翠金蟾、翡翠白菜等。弥勒佛能够给予人积极乐观的精神力量，摆放翡翠佛，可驱邪避灾，护佑吉祥万福。观音是慈悲的化身，摆放翡翠观音，祈愿出门遇贵人、逢凶化吉、事事顺心。关公过五关斩六将，是忠勇双全的化身，手持刀尖朝向不同，含义也有所不同：刀尖朝上，可镇宅辟邪；刀尖朝下，则保事业顺利、财运亨通。厅堂中摆放翡翠麒麟，有旺财镇宅、护佑长寿吉祥、添子求孙之寓意；貔貅吞万物而不出，可吸纳四方之财，摆放翡翠貔貅，能够旺事业、化小人、护佑平安，但在摆放时须注意，貔貅的头不能朝向正门、厕所、镜子，不可高过人头；翡翠金蟾含招财进宝、腰

图 95-1　翡翠福禄寿摆件

图 95-2　翡翠白菜
张铁成供图

缠万贯、官运亨通之意，口中含有铜钱的翡翠金蟾摆放时头要向内，不能向外，否则则象征所吐之钱皆吐向屋外，不能催旺财气。除此之外，在厅堂中摆放翡翠如意的也不在少数，翡翠如意有称心如意之意，象征带来好运。若家有老人，翡翠松鹤也是不错的选择，松鹤延年，祈愿家中长者长命百岁、健康平安。家有学生，可摆放翡翠竹子，有竹报平安、步步高升、事业有成之意。

不同题材的翡翠摆件有各自的特殊寓意，凝结着国人对十美好生活的祈愿和对家人的真挚祝福。家是温情的寄存，最爱的人、最关心的事、最美好的记忆都在这里不断出现、上演，选择一件合适的翡翠摆件置于厅堂，是将最真的情意与憧憬盈于这方寸之间。

图 95-3　翡翠竹节摆件

96. 翡翠摆件该怎么摆？

翡翠艺术品中,翡翠摆件是一个大类,是不可或缺的分支。翡翠摆件体量大,制作周期长,雕工繁复,极富艺术感,但有"后备军不足"的隐患,因此,翡翠摆件的陈设与保养就显得尤为重要。

翡翠摆件大多配有底座,起承重、保护和装饰作用。在选择底座时,须考虑底座的材质、大小与翡翠摆件造型、色彩的协调性,更重要的是底座必须安全稳妥,避免因不平稳造成翡翠损伤。翡翠摆件的

图 96-1 翡翠摆件《瑞兽酒樽》
玉祥源·张蕾供图

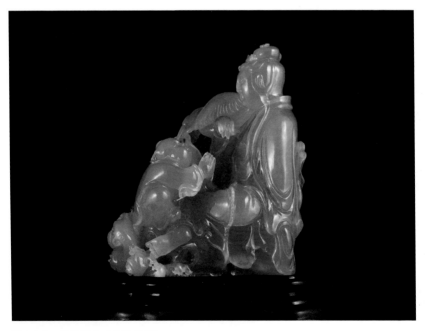

图 96-2 翡翠摆件《童子拜佛》

陈设有一定的讲究，除了要考虑摆件本身与陈设环境的整体协调性，还要考虑光源。在不同光线下，翡翠的颜色和种水会出现微妙的变化。一般来说，在阳光充足的光线下，颜色浓的翡翠摆件更美一些，而在光线不够充足的时候，颜色较淡的翡翠则更为耀眼。了解不同光线下翡翠的特点，会对翡翠摆件陈列位置的选择有所帮助，必要时也可借助加设灯光的方式增强色彩感。

图96-3　翡翠摆件《丰收》

97. 翡翠摆件应该如何保养？

对于翡翠摆件的保养，要注意以下几个方面。其一，避免阳光直射，保持室内湿度适宜，以维持翡翠摆件的水润光泽；其二，避免与硬物接触，以防翡翠摆件发生破损，对翡翠摆件的价值造成不可估量的影响；其三，避免与油污、化学物质接触，生活中的杀虫剂、香水等都含有一些化学成分，会对翡翠的质地和颜色造成一定的影响，时间长了会影响翡翠摆件的美感；其四，要经常擦拭翡翠摆件，空气中的灰尘会使其光泽变得暗淡，可以用柔软的羊皮或细毛刷、棉布擦拭摆件表面的灰尘，使其保持干净。

美丽的事物似乎总是珍贵而又脆弱的，翡翠摆件装点了人类的生活，理应受到更多的呵护。

图 97-1　翡翠杆秤

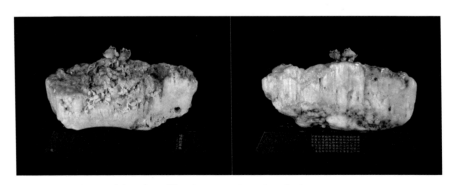

图 97-2　翡翠山子《喧闹的早晨》（正、反面），佟星供图

98. 国内不同地区的翡翠流行趋势有何不同？

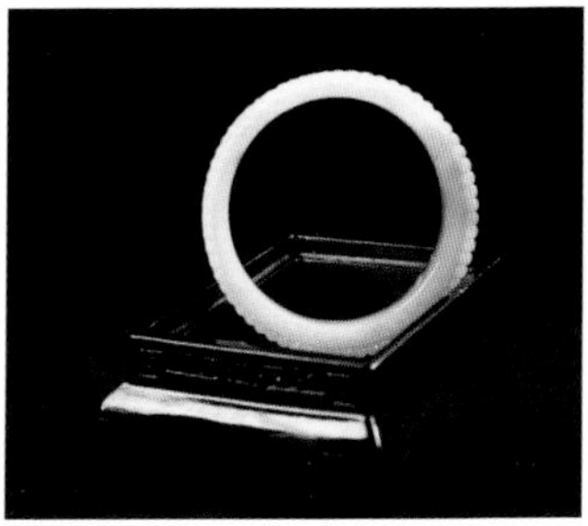

中国幅员辽阔，人口众多，民族繁杂，地域文化多样。五十六个民族五十六朵花，花香各有千秋，美丽却异曲同工。翡翠质地温润、内敛含蓄，蕴含着东方古老民族的传统美德，其颜色丰富、质地多样、形制众多，每一件翡翠饰品似乎都有着它独特的灵魂。翡翠饰品占据着中国珠宝市场的半壁江山，而在不同文化背景的影响下，不同地区的人们对翡翠饰品也有着各自不同的喜好。

北方多豪迈，南方爱精致，南北差异体现在生活中的方方面面，在翡翠饰品的选择上也可见一斑。北方人民性格豪爽、

图 98-1 北方翡翠工镯
玉祥源·张蕾供图

图 98-2 设计感强的冰种翡翠链牌，玉祥源·张蕾供图

个性刚毅，以北京为代表的北方地区偏爱大件的翡翠饰品，如手镯通常宽且厚重、挂件尺寸多偏大等；多看重颜色，而对翡翠的种要求并不高；多见传统题材，翡翠摆件甚受欢迎。在以江浙沪为代表的长三角地区，女性大多身材娇小、性情温和、装束淡雅，因此该地区的人们喜欢小巧玲珑的翡翠饰品，在颜色的选择上更偏向于清淡高雅的浅色、阳绿色，对种水和工艺有一定的要求。珠三角地区经济发达，人民朝气蓬勃，富有冒险性，对一些富有特色且设计感较强的翡翠饰品更感兴趣。西部地区少数民族汇集，文化更加多元化，对翡翠的种要求很高，无色的冰种、玻璃种以及素面飘兰花的冰种翡翠更为畅销。港台地区尤其喜欢高端翡翠，香港地区对翡翠的颜色要求非常高，翠绿色翡翠最受欢迎，而台湾地区更重视翡翠的种，要求翡翠饰品种老色浓，以老种、老坑玻璃种、艳浓绿色为上品。

　　一方水土孕育一方文化，一方文化造就一方社会，文化不同，喜好也大相径庭。神奇的是，翡翠有足够的魔力，能幻化出不同的模样去适应各方文化，以供大家选择。不同地区的文化影响下人们的喜好或许有所不同，但对翡翠的热爱总归是一般无二的。

图 98-3　翠绿色翡翠链牌

图 98-4　种老色浓的绿色翡翠耳坠
玉祥源·张蕾供图

99. 古诗词中的翡翠有怎样的魅力?

千年磨砺,温润有方,翡翠中凝结着博大精深的中华文化,展示着独一无二的东方美学。从古至今,国人对翡翠的热爱从未减少,从诗词中便可窥得几分。辞致雅赡,音韵优美,带有独特东方文化烙印的古诗词总能在寥寥数字中一展意境之美,传递真挚情感。翡翠入诗,诗咏翡翠,古诗词中的翡翠自是别有韵味。

婷婷袅袅,仙姿佚貌,粉妆玉琢,翡翠珠钗,古诗词中翡翠与曼妙女子相联系,诉儿女

图 99-1　翡翠笔筒

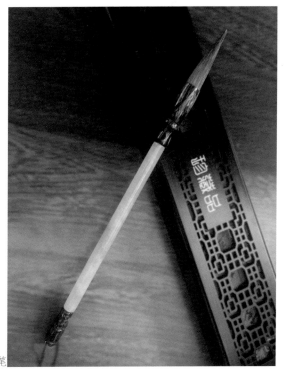

图 99-2　翡翠毛笔

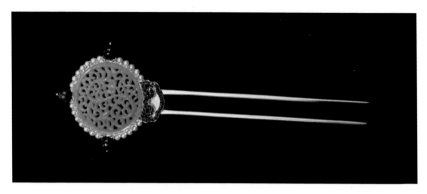

图 99-3 镂空雕翡翠簪子

情长,情思缭绕,令人动容。李商隐的《无题》中有"裙衩芙蓉小,钗茸翡翠轻",白居易的《杨柳枝二十韵》中道"口动樱桃破,鬟低翡翠垂",窈窕淑女饰翡翠珠钗,古人心中的翡翠之美可见一斑。"翡翠屏间,琉璃帘下,彩衣明媚",伍梅城的《醉蓬莱·寿郁梅野》中也已有了翡翠屏风的身影,可见翡翠在古代便有广泛应用。此外,古诗词中多有绘山川美景之句,大好山河,层峦叠翠,翡翠那抹鲜艳的绿色便将山岭间的青翠展现得淋漓尽致,正如柳宗元在《柳州寄丈人周韶州》所述的"梅岭含烟藏翡翠,桂江秋水露鲔鱼"。"翡翠佳名世共稀,玉堂高下巧相宜""芙蓉幕里千场醉,翡翠岩前半日闲""小池凝翡翠,竹外跨飞虹"……古代诗人笔下的翡翠世界向来是多姿多彩的,或直白,或含蓄,从不同角度、以不同方式向世间描绘翡翠的特有韵味与独特魅力。

　　一句诗词，一方美好，翡翠中浸透着诗性的美，那数句隽永辞藻中的翡翠似乎也有着不一样的魅力。惊艳时光的翡翠与作为中华瑰宝的古诗词，相映生辉，相得益彰，在源远流长的中华文化历史长河中共同演绎了这般瑰丽多彩的篇章，也为后人留下了那可遇不可求的美好。

图 99-4　翡翠摆件《海棠诗社》，宋世义作品
宋世义玉雕工作室供图

100. 写意翡翠中有怎样的诗情画意？

"看山看水独坐，听风听雨高眠。客来客去日日，花落花开年年"，明朝徐贲的《写意》一诗，在只言片语间将"写意"二字生动表述。写意，不着眼于详尽如实和细针密缕，以简单的笔触打造出形简而意丰的境界。中国写意文化始于写意画，而后写意内涵不断吸收发展，逐渐壮大。翡翠被世人奉为"玉石之王"，翡翠文化也在千百年的历史发展中沉淀洗礼。当写意与翡翠文化结合，虽不惊艳，却总有一番诗情画意，耐人寻味。

大自然是最好的雕刻师，时间和岁月的更迭让翡翠拥有了美丽流动的写意符号。种、水、色的随意挥洒，造就了这天然的写意翡翠，时光沉淀的洒脱与温婉呼之欲出。在二次"工"的修饰后，翡翠更添了一份情感，似乎在诉说着一个个或平凡或伟大的故事。严冬腊月，早梅一枝独绽，暗香疏影，艳而不娇，此情此景，正如宋代诗人李弥逊在《十样花》中所写的"陌上风光浓处，第一寒梅先吐"，傲雪凌霜，是冬与纯洁的见证者，更是春和绿意的使者；"横看成岭侧成峰，远近高低各不同。不识庐山真面目，只缘身在此山中"，苏轼的《题西林壁》正是"悟道"翡翠的思想提纯。每个人都是世间独一无二的存在，看待同一种事物也会有不一样的结论，这是源于内心思想的不同，而辩论便是思想的碰撞。悟道是精神追求，求的是祥和宁静，悟的是自省自律。随性勾勒的一个形体，没有特定的形象，却颇有一花一世界的韵味。写意翡翠中有"独钓寒江雪"的孤寂，有"绿杨白堤，鸟语花香"的明媚，有"大漠孤烟直"的雄浑，还有"奔流到海不复回"的大气……以形写神，简约雅致中传递万千气象。

图 100　翡翠花篮
宋世义作品，宋世义玉雕工作室供图

参考文献

[1] 何雪梅. 慧眼识宝：珠宝玉石选购鉴赏一本通 [M]. 桂林：广西师范大学出版社，2016.

[2] 何雪梅. 珠宝品鉴微日志 [M]. 桂林：广西师范大学出版社，2016.

[3] 何雪梅，沈才卿. 宝石人工合成技术 [M]. 北京：化学工业出版社，2020.

[4] 何雪梅. 识宝·鉴宝·藏宝：珠宝玉石鉴定购买指南 [M]. 北京：化学工业出版社，2014.

[5] 何雪梅，刘艺萌，刘畅. 珠宝鉴定 [M]. 北京：化学工业出版社，2019.

[6] 李耀芳. 探讨翡翠的价值评估与质量 [J]. 中国高新区，2018，（1）：267-291.

[7] 胡楚雁. 绿色翡翠颜色致色原因与颜色分布特征的关系 [J]. 中国宝玉石，2019，(4)：72-77.

[8] 刘杰，李晓琳，李瑜. 翡翠价格的决定因素及展望 [J]. 商业文化（下半月），2012，(12)：172-173.

[9] 郭燕. 翡翠手镯价值影响因素与价格关系研究 [D]. 昆明：昆明理工大学，2016.

[10] 戴铸明. 漫谈翡翠"赌石文化"和赌石 [J]. 中国宝玉石，2019，(2)：132-139.

[11] 朱红伟，程佑法，燕菲，等. 翡翠及其仿制品的鉴别特征 [J]. 中国宝玉石，2017，(4)：127-133.

[12] 戴铸明. 翡翠鉴赏与选购 [M]. 昆明：云南科技出版社，2005.

[13] 赵茜，沈崇辉. 翡翠 [M]. 北京：地质出版社，2011.

[14] 李贞昆. 翡翠佩戴 [M]. 昆明：云南科技出版社，2007.

[15] 沈理达. 翡翠素养：图表识翡翠 [M]. 沈阳：沈阳出版社，2012.

[16] 张蓓莉. 系统宝石学（第二版）[M]. 北京：地质出版社，2006.

[17] 何明跃，王春利. 翡翠 [M]. 北京：中国科学技术出版社，2018.

[18] 杨华. 论翡翠的人文内涵研究 [J]. 中国宝玉石，2018，(B09)：128-133.

[19] 郭杰. 浅析传统玉文化对现代翡翠首饰设计的影响 [J]. 艺术科技，2019，(14)：108，133.

[20] 黄东海. 史前翡翠文化简析 [J]. 文物鉴定与鉴赏，2016，(4)：52-53.

[21] 张蓓莉，王曼君，张辉，等.《翡翠分级》国家标准 [Z].2011.

[22] 欧阳秋眉. 翡翠全集 [M]. 香港：天地图书有限公司，2005.

[23] 欧阳秋眉，严军. 翡翠选购 [M]. 上海：上海学林出版社，2010.

[24] 欧阳秋眉，严军. 翡翠中的吉祥图案 [J]. 检察风云，2015，(5)：90-91.

[25] 摩休. 摩休识翡：翡翠鉴赏，价值评估及贸易 [M]. 昆明：云南美术出版社，2006.

[26] 屈小玲. 中国西南与境外古道：南方丝绸之路及其研究述略 [J]. 西北民族研究，2011，(1)：172-179.

[27] 奥岩. 翡翠鉴赏 [M]. 北京：地质出版社，2004.

[28] 万珺. 鉴识翡翠 [M]. 福州：福建美术出版社，2004.

[29] 郭丰辉，陈宇涵. 黑翡翠的玉石文化表现 [J]. 中国宝玉石，2019，(2)：140-145.